관계에 서툰 아이를 위한

하브루타 육아

관계에 서툰 아이를 위한

하브루타 육아

김희진 지음

산지

이해에서 공감으로 가는 과정, 하브루타

스물다섯 살이던 해, 그 가을에 첫아이를 낳았다.

24시간이 넘는 산통으로 힘겨웠지만 3.2킬로그램의 건강한 남아를 출산하였다. 엄마가 되는 준비도 없이, 아이를 낳으면 저절로 엄마가 되는 줄 알았다. 유아교육을 전공했다는 약간의 자만도 있었던 듯하다.

일과 육아의 병행은 생각보다 힘들었다. 친정 부모님께서 많이 도와주셨다. 그러나 엄마는 엄마로서의 몫이 있는 법이었다. 사랑하는 아이에게 모든 걸 다 해주고 싶었다. 첫 육아에 기대가 큰 만큼 욕심도 많았다.

방문 선생님부터 각각의 영재 교육 기관까지 다양한 경험으로 아이를 자극했다. 아이는 활동적이고 호기심이 많고 특히 언어 습득이 빨랐다. 엄마의 욕심대로 잘 따라와 주는 듯했다.

아이가 다섯 살 되던 해, 숲 유치원에 입학시키며 알게 되었다. 아이는 자신보다 말이 더딘 친구를 무시했다. 다른 친구들과 어울려 놀기보다는 혼자 책 보는 시간이 많았다. 아이의 성향일까. 아니었다. 관계 맺기에 서툰 탓이었다.

　마음이 다급해졌다. 무슨 방법이라도 찾아야 했다. 엄마들과 모임을 만들어 또래 아이들끼리 자연스레 어울릴 기회를 갖게 했다. 하지만 아이는 여전히 친구들 사이에 쉽사리 섞이지 못했다.

　나는 '이렇게 해라', '저렇게 해라' 하며 친구 관계에 끼어들기 시작했다. 훈계라는 명목이었지만, 실상은 간섭과 지시와 명령이었다. 엉뚱한 결과를 빚고 말았다. 내 아이는 나에게서 한 발씩 멀어졌다. 그렇게 첫 유아기는 엄마의 기대에서 어긋난 채 흘러갔다.

　엄마로서 나는 착각에 빠져 있었다. 아이를 하나의 인격체가 아닌 내 소유물로 여겼던 셈이다. 엄마가 원하는 방식과 모습으로 아이를 만들려다 보니 둘의 관계가 좋을 리 없었다.

　그 영향이 또래 관계에서도 그대로 드러났다. 아이는 집에서나 밖에서나 늘 외로웠을 것이다.

　어느덧 16년이나 흐른 지금, 돌이켜보면 첫아이에게 정말 미안한 마음이 든다. 준비되지 못한 채 엄마가 되었기에 문제를 제대로 파악하지 못했다. 당연히 해결방법조차 몰랐다. 아쉽고도 안타까웠던 순간이다.

　드라마 같은 시간을 꿈꿔본다. 맨홀 속으로 빨려 들어가듯 16년 전으로 돌아갈 수만 있다면, 아이에게 묻고 싶다.

선뜻 어울리지 못한 채 친구를 바라보는 너의 마음은 어땠니?

홀로 지내면서 얼마나 외로웠니?

특별히 계획하진 않았지만 5년마다 출산을 하였다. 첫째와 둘째 아이의 나이 차이가 다섯 살, 둘째와 셋째 아이 역시 다섯 살이다. 공교롭게도 아이들은 모두 9월생이다. 그것도 추석 즈음이다. 날을 따져보니 아이들을 임신한 시기가 항상 크리스마스 근처였다. "다섯 해마다 크리스마스에 도대체 무슨 일이 생겼던 것일까?"라며 남편과 가끔 우스갯소리를 했다.

언제부터인가 둘째와 셋째의 관계가 삐걱대기 시작했다. 언니는 동생에게 잔소리를 했고, 동생은 그런 언니가 못마땅했다. 서로의 마음을 몰라준다며 자주 다투곤 했다. 한없이 정겨워야 할 자매 사이의 갈등, 그것도 다섯 살 터울에서 벌어진다는 사실을 엄마로서 받아들이기 힘들었다.

어느 날 자매가 사소한 일로 실랑이를 벌이던 중이었다.

"나도 언니한테 사랑받고 싶단 말이야."

셋째가 소리치더니 울기 시작했다. 서럽고도 긴 울음이 계속되었다. 나는 적잖이 당황했다. 선뜻 울음을 달래줄 수 없었다. 사랑받고 싶다는 아이의 말이 비수처럼 내 가슴에 꽂힌 탓이었다. 둘째 역시 다르지 않았으리라.

"서로를 이해해줘야지", "상대방에게 감정 상하게 하는 말은 하지 마"라는 말을 자주 하곤 했다. 그러나 아이들의 대화는 항상 일방적이었다.

단지 자매의 관계에 한정된 것이 아니었다. 엄마인 나도 자신의 방식대로, 아이의 마음을 이해하고 판단하고 행동으로 옮겼을 따름이라는 생각이 들었다. 마음이 아팠다.

관계의 시작은 마음 표현하기

'특별히 똑똑하지 않아도 돼. 그저 사랑받고 사랑하는 아이로, 친구들과 잘 어울리며 자라줬으면 좋겠어.'

관계가 좋은 아이로 키우고 싶었다. 그러나 엄마의 소망은 쉽사리 이뤄지지 않았다. 오히려 큰아이에 이어 두 딸마저 실패하고 말았다는 자괴감이 몰려왔다.

울음을 터뜨린 아이를 보며 어떻게 마음을 나누어 볼까를 생각했다. 책장에서 그림책 '마음을 보았니?'를 꺼내 들었다. 티타임을 갖자고 제안했고, 아이들이 손수 만든 과자와 과일을 식탁에 차려놓고 마주 앉았다.

그림책을 펼쳐 한 부분을 소리 내어 읽었다.

마음이 날아가는 것을 보았니?

마음이 뛰어가는 것을 보았니?

마음이 흔들리는 것도 보았니?

마음이 푹 가라앉는 것도 보았니?

마음이 깜짝 놀라는 것도 보았니?

정말, 마음이 웃는 것을 보았니?

엄마가 들려주는 조언의 말보다 그렇게 되기까지의 서로의 마음을 들여다보는 연습을 시작하였다. 책 속 질문과 대화로 두 아이의 마음을 꺼내놓고 이야기하니 갈등은 어느새 끝나버렸다. 터져나온 마음의 소리는 관계의 문을 여는 열쇠였던 것이다.

관계의 시작은 마음 표현하기이다. 마음을 말하고 생각을 표현하는 것이다. 그렇게 자매는 뒤엉켜 있던 갈등의 매듭을 풀어냈다. 좋은 관계로 이어지기 위해선 본격적인 과정이 있었다. 갈등에서 이해로, 이해에서 공감으로 가는 과정이었다.

하브루타.

내가 찾아낸 길이다.

하브루타에는 마음을 표현하게 만드는 방법이 있다. 상대의 마음과 생각까지 받아들여 공감하게 하는 것이 하브루타의 힘이다.

"언니가 나를 사랑해 주면 좋겠어."

하브루타를 하고 난 후 셋째가 언니에게 한 고백이었다. 둘째는 두 팔을 벌려 동생을 꼬옥 끌어 안아주었다.

그날 이후 자매는 상대의 마음에 관심을 기울였다. 머지않아 엄마가 바라던 정겨운 자매가 되었다. 비단 둘 사이에 그치지 않았다. 좋은 관계의 경험은 다른 곳에서도 자연스레 이어졌다. 가정에서 관계가 열리기 시작하니 친구들이 늘어나기 시작했다. 더 이상 관계에 서툰 모습은 찾아볼 수 없었다. 관계 맺기를 즐거워하게 되었고, 친구 사이에서도 꽤 인기 좋은 아이로 성장하였다.

　키즈카페, 놀이터, 어린이집, 유치원, 학교, 학원 등 아이의 사회생활이 시작되면서 부모들의 고민이 늘어간다. 아이는 또래 관계에서 다투거나 상처받기 때문이다.

　부모 대부분은 어떻게 아이를 도와주어야 할지 몰라 속만 끓인다. 자라면서 차차 좋아지리라 방치하거나 외면하는 부모도 있다. 극단적으로 내 아이는 다르다는 착각에 빠져 관계에 대한 관심 자체를 거부하는 경우도 있다.

　관계에 서툴다는 것은 단지 사회성에 국한된 의미일까?

　성장 과정에서 겪는 일종의 성장통에 불과한가?

　좋은 관계는 저절로 형성되는가?

　결론은 명확하다. 관계는 아이의 한 영역도, 발단 단계의 과정도, 자연스레 습득되는 것도 아니다. 아이의 성장 전체에 절대적인 영향을 미친다. 나아가 현재의 관계가 아이의 미래 모습까지 결정한다.

그동안 유아교육 전문가로서, 하브루타 실천가로서 부모교육 강의를 해왔다.

많은 부모들의 고민과 마주했다. 아이의 자존감, 공감 능력, 문제 행동 등 다양한 고민이었다. 숱한 갈래의 물줄기가 강을 향해 흐르듯, 가만히 들여다보면 결국 관계성이었다. 관계가 틀어지고 어긋나면서 일어나는 문제들이었다. 그러나 애석하게도 대부분은 엉뚱한 곳에서 해답을 찾고자 했다. 당장 눈에 드러난 문제에 초점을 맞추고 있었다.

교육의 목적은 성장에 있다

그렇다면 왜 우리 아이는 성장해야 하는가? 성장해서 어쩌겠다는 것인가?

성장의 이유이자 최종 목표는 행복이다. 결국, 행복한 미래를 위해 성장이 필요한 셈이다.

우리의 행복과 불행을 나누는 잣대는 사람이다. 사람 때문에 행복하기도, 사람으로 인해 불행의 늪에 빠져 허덕이기도 한다. 관계는 사람과 사람을 잇는 끈이다. 피할 수 없는 숙명이다. 그러므로 관계가 좋다면 행복할 것이고, 관계에 서툴다면 처음부터 출발점에 잘못선 것이다.

아이는 관계를 통해 세상에 대한 인식을 배운다.

관계 맺기로 자존감과 공감 능력을 키운다.

관계 속에서 자신의 꿈을 열어가며, 삶의 가치를 찾아낸다.

단언컨대, 현재의 관계성이 곧 아이의 미래이다.

명심하자. 관계가 틀어지면 아이가 누릴 행복의 크기도 작아진다는 사실을.

관계에 서툰 아이를 위한 방법은 무엇일까?

하브루타가 그 해답을 찾아주리라 확신한다. 하브루타는 어렵지 않다. 그러나 그 영향력은 놀랍다. 실제로 하브루타를 통해 우리 아이들이 변했고, 교육 현장에서도 자주 확인해왔다.

관계성은 선천적인 성향이 아니다. 하나씩 배우고 익혀 나가야 할 공부이다. 서툰 관계를 위한 관계 공부, 하브루타로 시작하길 바라는 심정으로 이 책을 썼다.

1장 <관계의 밭 고르기>는 아이들의 관계성을 점검하고 관계성을 해치는 부모의 현주소를 썼다.

농부가 농사를 시작하기 전 기름진 밭을 만들기 위해 돌을 고르고 영양분을 가득 주듯이, 부모의 양육에 대한 마음가짐과 태도에도 밭 고르기가 필요하기 때문이다.

2장 <관계의 씨앗 뿌리기>는 관계에 영향을 주는 요소를 담았다.

관계에 필요한 좋은 씨앗들은 행복한 관계의 열매를 맺게 해줄 것이다. 좋은 씨앗으로 아이들의 관계에 필요한 인성을 안내했다.

3장 <관계 나무 키우기>는 관계에 핵심이 되는 능력을 하브루타의 방법으로 썼다.

필자는 많은 아이들과 하브루타로 만나왔다. 하브루타가 관계성을 키워주는 놀라운 효과가 있다는 점을 현장에서 확인하고 실천했다. 그 경험을 바탕으로 관계를 키우는 8종류의 하브루타를 적었다.

4장 <관계 열매 맺기>는 집에서 부모와 아이가 직접 할 수 있는 관계 하브루타의 사례와 자료를 수록하였다. 적용하면서 아이가 달라지는 과정을 직접 느낄 수 있을 것이다.

책을 쓰겠다고 선언한 이후, 엄마의 시간을 기다려주고 양보한 나의 보물들 윤, 현, 솔에게 고맙다는 말을 전한다.

너희들이 있어서 엄마의 삶은 풍요롭고 따뜻하며 행복이 가득하단다. 사랑한다. 나의 보물들.

더불어 끝없는 신뢰와 사랑으로 지지와 응원을 해준 영원한 내 편인 이석종님, 40년 넘게 딸바보로 살아오신 친정 부모님께 진심으로 감사와 사랑의 말을 전하고 싶다.

책이 출간될 수 있도록 손 내밀어주신 조창인 작가님과 김진미 소

장님, 그리고 하브루타로 끌어주신 권문정 소장님께도 감사의 인사
를 건넨다.

2020. 여름
저자 김희진

contents

챕터1. 관계의 밭 고르기

좋은 관계가 아이의 밝은 미래를 열어준다

쳅터2. 관계의 씨앗 뿌리기

관계 형성을 위해 어떻게 준비할 것인가

contents

챕터 3. 관계 나무 키우기
관계성 높이는 하브루타 질문 기법

챕터 4. 관계 열매 맺기

좋은 관계를 오래 유지하기 위한 비법

contents

우리가 얻는 답은 무엇을 질문하느냐에 따라 결정된다.
다시 말해 얼마나 훌륭한 대답을 얻을 수 있는 질문을 하는가가 중요하다.

-토니 로빈스-

챕터1. 관계의 밭 고르기

좋은 관계가

아이의 밝은 미래를 열어준다

관계 맺기의 첫걸음, 엄마 하기 나름

공부 잘하는 아이보다는 성격이 좋은 아이로 기르고 싶었다. 사람들에게 사랑받고, 친구들은 물론 선생님께도 주목받는 아이. 어디서나 잘 적응하고, 좋은 인상을 주며 존재감 있는 아이였으면 했다.

사회성 좋은 아이로 키우기 위해 내가 먼저 선택한 일은 온갖 모임에 빠지지 않고 다니는 거였다. 엄마가 활동적으로 움직이면 아이의 사회성이 저절로 좋아지는 양, 각종 모임에 열심히 따라다녔다. 아이에게 친구들과 만나는 기회를 자꾸 만들어 주면 관계가 좋아지고 사회성이 길러지리라 생각했다.

바쁘지만 아이를 위해 항상 모임에 열심히 참석하는 엄마. 그게 아이를 위한 나의 최선이라고 생각했다. 그러나 착각이었다. 엄마의 만족감일 뿐이었다. 그렇게 나는 겉모습만 아이에게 올인한 열성 엄마였다.

누구나 첫아이에 대한 기대감이 있다.

내가 가지고 있는 첫아이에 대한 상상은 이러했다.

아이는 조용히 앉아서 그림책을 읽고 있다. 엄마는 예쁜 접시에 간식을 담아 아이의 방을 노크한다. 아이는 간식을 먹으며 그림책에 집중한다. 때로는 친구를 집으로 초대한다. 친구와 사이좋게 장난감을 나누어 가지고 재미있게 논다. 또래 친구는 내 아이를 두고 제일 좋은 친구라고 말해준다.

얼마나 멋진 상상인가.

이런 나의 바람이 커질수록 잔소리도 많아졌다. 모임에 참석하기 전, 아이에게 엄마로서 원하는 행동에 대해 인지시켰다. 약속을 강요하고, 무조건 양보하라고 으름장을 놓기도 했다. 다섯 살 남자아이의 짓궂은 모습을 보면 눈치를 주고 제지하며 잔소리와 훈육으로 일관했다.

결과는 예견되어 있었다. 아이는 친구들과 자주 다투고 번번이 갈등의 중심에 있었다. 사이좋게 놀지 못하고 사소한 문제에도 분노를 표출하곤 했다. 친구와의 잦은 만남은 더 큰 다툼으로 돌아왔다. 다툰 후 어김없이 이어지는 엄마의 훈육으로 아이는 심하게 괴로워했다.

무엇이 문제였을까.

엄마의 방법이 잘못되었다. 아이의 생각이나 심정을 생각해보지 않은 채 강요만 앞세웠다. 아이의 사회성을 길러주려는 열심이 아이의 마음을 다치게 했다. 결국 기대한 사회성을 오히려 해치고 마는 결과를 빚었다.

엄마의 착각은 아이와 수직적 관계로 만들었다. 명령과 지시를 내리고 이를 따르지 않는 아이를 혼내고 다그치는 관계가 되어버린 것이다.

부모와 아이의 바람직한 관계는 무엇일까?

수평적 관계다. 수평적 관계를 맺기 위해서는 아이의 눈높이에 맞게 부모가 한 계단 내려와야 한다. 아이를 엄마의 눈높이까지 끌어 올릴 수 없다. 끌어 올리려 하는 순간 관계가 멀어진다. 아직은 아이의 능력 밖이기 때문이다. 따라서 엄마가 아이의 눈높이만큼 내려가야 한다.

내 아이는 수평적 경험을 하지 못했던 터라 친구 관계에서조차 대등한 관계를 만들지 못했다. 익숙한 경험대로 친구들과 수직적인 관계를 만들려고 들었다. 명령하고 지시하고 자기 말에 따르지 않았을 때, 엄마가 했던 것처럼 화를 내니 친구들이 받아줄 리 없었다.

좋은 관계란 마음을 나누는 능력에서 비롯된다. 내가 속한 그룹 안에서 친구의 기분과 상태 등을 잘 이해하고, 원만하게 지내며 소통하는 것이다.

아이가 친구와의 관계에 서툰 이유는 분명했다. 아이는 엄마에게 보고 배운 대로 행했을 뿐이다. 엄마는 그저 사랑한다는 생각에만 사로잡혀 있어 아이와의 관계에 무심했거나 무지했던 결과였다. 그

때문에 아이는 상처투성이가 되어 있었다.

엄마와 아들로 만난 우리 사이. 아이가 만나게 되는 첫 관계의 경험은 엄마였다.

처음 그 느낌은 누구에게나 진하고 오랜 감정으로 머문다. 첫눈, 첫 만남, 첫사랑, 첫 출산이 그러하다. 아이가 마주하는 첫 인간관계는 누구인가? 이때의 관계는 '누굴 먼저 보았느냐'의 '각인 효과'와 다르다. 처음 나를 보며 웃어주고 나의 존재를 기뻐해 주고 나를 인정해주는 사람을 의미한다.

관계란 정서와 감정이 교류될 때 형성된다. 엄마는 10달 동안 배속에 넣고 애지중지 키워 아이를 낳는다. 태중에서는 본능적으로 교류가 활발하다. 그러나 정작 세상에 태어나 엄마와 아이가 좋은 관계를 형성하지 못한다면, 얼마나 아이러니한 일인가.

가장 자주 접촉하는 5명의 삶을 평균하면 내 삶이 된다고 한다. 아이들이 자주 접촉하는 5명을 떠올려보자. 가족 구성원이 대부분이다. 그 가족들의 삶을 평균하면 아이의 삶이 된다는 것이다. 가족, 특히 부모와 아이의 관계는 아이들의 삶에 커다란 영향을 준다. 엄마의 말과 태도, 아빠의 가치관과 습관 등등도 그렇다.

가족과의 관계에 대한 기억으로 아이는 공동체 안에서 행동한다. 집에서 보고 듣고 경험한 대로 부모의 말과 행동을 표현해 내는 것이다.

가족과의 관계가 잘 이뤄졌다면, 아이는 집 밖에서 만나는 사람들과도 좋은 관계를 유지한다. 유치원에서도 학교에서도 좋은 관계를 맺어 나간다. 부모가 쓰던 말투, 행동, 정서까지도 재현하기 때문이다. 반대일 경우, 아이는 관계 맺기를 어려워한다. 친구와 잘 놀고 싶지만 어떻게 해야 할지 모른다. 어찌된 일인지 친구와 자꾸 갈등이 빚어진다.

그러다보면 관계가 형성되는 공동체, 이를테면 유치원 등교 자체를 거부하기도 한다. 관계는 피곤하고 힘든 것이라고 생각되기 때문이다.

성격과 태도가 좋다고 관계성이 좋은 건 아니다

"아이 성격이 참 좋아요."

"예의 바르고 착하네요."

아이를 향한 이러한 평가를 들을 때 기분이 좋았다. 우리 아이가 관계성이 좋으며 외부 생활에 잘 적응하고 있다고 생각했다. 성격과 태도가 곧 관계성이라고 착각했다.

아이는 엄마에게 지시와 명령을 받은 대로 행동했을 뿐이었다. 특히 어른들에게 말이다.

정작 친구와의 관계는 서툴기 짝이 없었다. 엄마에게 배운 대로 명령하려 들었고, 친구를 자신과 동등한 위치에서 바라보지 못했다.

내 아이가 엄마와의 관계, 그리고 또래 관계에서 만족감과 자신감을 얻지 못하면 사회성도 발달될 수 없다는 것을 뒤늦게 깨달았다.

아이에게 관계 맺기의 첫걸음은 엄마이고 가족이다. 가정에서부터 따뜻하고 행복하고 존중받는 관계를 이뤄야 한다.

아이와의 관계에 실패했다고 낙담할 필요는 없다. '천릿길도 한 걸음부터'라지 않던가. 지금부터 '성공하는 관계'로 그 첫걸음을 시작하면 된다. 아이는 긴 세월 사회성이라는 징검다리를 건너야 한다. 가족이 나서서 아이를 위한 디딤돌 역할을 하면 된다.

그중 엄마 디딤돌이 가장 중요하다. 관계의 시작이 엄마로부터 시작되기 때문이다. 엄마와의 관계 형성이 잘 이뤄지고, 이어 다른 가족들이 함께할 때, 아이는 장차 숱한 징검다리를 잘 건너갈 수 있게 된다.

아이 관계 맺기, 기질부터 살펴라

좌뇌형 엄마와 우뇌형 아이.

둘이 만나면 충돌은 피할 수 없다고 한다. 그 충돌이 바로 우리 가정에서 일어났다.

나는 이유와 근거를 명확하게 정리하는 걸 좋아한다. 지인들은 나를 보고 좌뇌가 발달한 사람이라고 한다.

큰아이는 전형적인 우뇌형이다. 감성적이며, 논리보다는 직관에 의지한다. 상황을 정리하기보다는 상황 자체를 설명하는 데에 초점을 맞춘다.

우리의 충돌은 대화에 분명히 드러났다. 아이는 풍부한 수식어를 사용했고, 감정을 섞어가며 길게 이야기를 했다. 결론만 딱 짚어 말해줬으면 좋으련만, 한없이 이어질 듯한 이야기를 차분히 들어주기가 힘들었다.

"엄마, 큰 통 있잖아. 엄마가 크리스마스 때 사 준... 내가 제일 좋아하는 블록들이 말이야. 빨간 블록이..."

초보 엄마인 나는 참고 기다려주지 못했다. 게다가 좌뇌형이었다. 아이의 이야기를 듣고 있으면 가슴이 답답하고 머릿속이 마구 헝클어지는 느낌마저 들었다.

"똑바로 이야기해."

"말이 길어, 짧게 얘기해."

"그래서 어떻게 했다고?"

이런 식으로 아이의 이야기를 끊고 감정 섞인 말들을 쏟아냈다. 그때마다 아이는 엄마의 눈치를 살피느라 불안한 기색이었다. 눈동자가 흔들리고 목소리가 떨려 더듬거리곤 했다. 문득문득 아이에게 미안한 마음은 들었지만 내 생각을 굽히지 않았다.

똑똑한 발음, 명확한 표현, 조리 있는 문장으로 말하기.

아이가 반드시 갖춰야 할 능력이라 생각했다. 아이의 마음과 상관없이 나의 지적은 늘어만 갔다.

'아이의 또렷하지 못한 표현력은 성장하면서 걸림돌이 될 것이다. 그러니 지금 바로잡고 훈련시켜야 한다.'

당시 내 굳건한 믿음이었고, 교육 태도였다.

돌이켜 보면 아이의 기질과 마음을 알아주지 못한 어설픈 엄마였다. 이런 행동을 아이를 위해서라고, 더 나은 아이로 성장시키기 위한 방법이라고 착각했다.

나의 일방적 태도로 아이는 엄마에게서 멀어졌다. 관계가 서툰 아이로 자라고 있었다. 집에서 엄마에게는 물론, 밖에서도 친구에게 선뜻 다가서지 못했다.

우뇌가 발달한 사람은 시각적이고, 직관적이며, 감성적이다. 반면, 좌뇌가 발달한 사람은 언어적이고, 논리적이며, 이성적이다.

가령 누군가를 기억할 때 우뇌형은 얼굴과 신체적 특징을, 좌뇌형 사람은 이름을 떠올린다. 우뇌형은 공간과 형태를 기억하고 경험과 활동적인 학습에 익숙하다. 반면 좌뇌형은 언어로 된 자료를 잘 기억하고 언어적 학습 활동에 활발하게 반응한다.

또한 우뇌형은 체계적이지 않고 직관적으로 판단한다. 감정을 잘 발산하고, 상상력이 풍부하다. 좌뇌형은 분석적이고 논리적으로 판단한다. 감정을 억제하며 사실적이고 현실적인 것을 좋아한다.

아이의 경우도 다를 바 없다. 우뇌형의 아이는 말에 논리가 부족하고 핵심을 정리하지 못한다. 똑 부러지고 야무진 좌뇌형의 아이보다 말도, 학습 성과도 느리다. 부모의 입장에선 우리 아이에게 문제가 있는 건 아닌지 걱정이 앞선다.

엄마가 아이와 다른 유형일 때 갈등은 시작된다.

나처럼 좌뇌형 엄마의 눈에 비친 우뇌형 아이는 모든 게 부족하게만 보인다. 명령과 지시, 잔소리가 이어질 수밖에 없다.

좋은 관계를 위해 먼저 기질부터 파악해야 한다.

엄마와 아이의 기질이 서로 다르다면 그 차이를 이해하고 인정해야 한다. 그래야 관계의 악순환을 피할 수 있다.

"내 아이는 누구 닮아서 저럴까요?"

부모교육 현장에서 자주 접하는 물음이다. 흔히 부모들은 아이들이 자신을 닮았으리라 생각한다. 실제는 그렇지 않다. 한 혈통이라도, 복제 인간이 아닌 이상 기질은 다르다. 크고 작은 정도의 차이를 보일 뿐이다.

도대체 내 아이의 행동을 이해할 수 없다면, 반드시 기질 검사를 해보기를 권한다. 부모의 다른 기질로 인해 아이의 행동을 문제로 여길 수 있기 때문이다. 단지 기질 차이일 뿐인데, 이를 무시하고 문제로 여긴다면 아이는 정말 문제아가 될 수 있다.

성 프란체스코의 기도문 중에 이런 구절이 있다.

"주님, 제가 변화시킬 수 없는 것은 그것을 받아들일 수 있는 평화로운 마음을 주시고, 제가 변화시킬 수 있는 일을 위해서는 그것에 도전하는 용기를 주시며, 또한 이 둘을 구분할 수 있는 지혜를 주옵소서."

이 기도문은 부모와 아이의 관계에 적용할 수 있는, 시사하는 바가 크다.

부모는 아이의 무엇을 수용하고, 무엇을 변화시킬 것인가? 혹시 부모는 수용해야 할 아이의 기질을 변화시키려고 애쓰고 있는 것은 아닌가? 그것이 아이에게 상처를 입혀 자체의 존엄성을 해치고 있는 것은 아닌가?

　낯선 사람과의 소통이 어려운 아이도 있고, 겁 없고 수줍음 없이 쉽게 친구를 사귀는 아이도 있다. 말을 조리 있게 잘하는 아이도 있고, 표현이 어설프고 장황하게 설명하는 아이도 있다.

　기질은 타고난 성향에 가깝다. 부모가 아이의 기질을 대하는 태도에 따라 아이의 성격 형성과 사회성 발달에 중요한 영향을 미친다. 따라서 부모는 기질을 정확히 파악해 아이를 도와줘야 한다.

　나도 아이의 기질을 뒤늦게 파악했다. 그 순간부터 아이의 기질을 존중해줬고, 당연히 우리는 좋은 관계로 발전했다. 우뇌형인 아이는 기질대로 지금은 예술가, 음악가의 길을 걷고 있다. 좌뇌형 엄마로서는 상상할 수 없는 아름다운 곡들을 만들어낸다.

　기질을 이해하고 자녀와 소통할 때 엄마와 아이의 좋은 관계는 시작된다.

자기중심적인 아이와 이기적인 아이는 다르다

아이는 영유아 교육기관에 다니기 시작하는 3~5세부터 또래 관계를 맺기 시작한다. 공동체의 또래를 통해 본격적으로 인간관계를 배운다.

관계가 좋은 아이들의 행동은 사교성이 높다. 친절하며, 상호작용을 잘한다. 공동체 생활에서 협조적이고 타인에 대해 관용적이며 수용적이다. 긍정적이며 따뜻하고 유머 감각도 있다. 사회적 상황을 잘 파악하고 규칙을 잘 지키며, 분쟁이 있을 때 협상하는 기술도 좋다.

반면, 관계 형성이 안 되고 서툰 아이들의 특징은 수줍음이 많고 위축되고 말수가 적다. 놀이 집단에 잘 끼지 않고 공동체 활동에도 비협조적이다. 상대방의 감정을 제대로 이해하지 못한다. 또래들을 괴롭히거나 자주 화를 내며 폭력성이 나타나기도 한다. 자존감이 낮고 남의 말을 듣기보다는 자기 말만 하는 경우가 많다.

관계가 좋은 아이들에게는 좋은 관계를 유지시켜주는 힘이 필요하다. 관계가 서툰 아이들에게는 관계성 발달에 도움이 되는 방법들을 하나씩 연습해 가며 관계에 대한 성취감을 맛보게 하는 것이 중요하다.

아이의 발달 단계에 따른 교육 형태를 세 가지로 나눌 수 있다.

조기 교육, 적기 교육, 만기 교육.

많은 부모들이 조기 교육에 매달리고 있다. 우리말도 미숙한 아이에게 영어를 가르치고, 학년을 뛰어넘는 선행 학습을 한다. 대부분의 교육학자들은 조기 교육이 이득보다 손실이 많다고 지적한다. 단기적 효과를 낼지 모르나 결국 교육의 역기능을 초래하게 된다는 것이다. 학습 의욕의 저하, 자기 주도성 상실, 자발적 동기 감소와 무력감 등등.

그러므로 교육은 아이의 발달 단계에 따른 적기에 이루어질 때 가장 효과적이다. 관계성 역시 마찬가지이다.

좋은 관계성을 위해선 아이의 발달 단계를 살펴야 한다. 물론 늦었다고 낙담할 필요는 없다. 지금부터 함께 노력하면 얼마든지 극복 가능하기 때문이다.

관계성에도 발달 단계가 있다

만 1~2세. 아이는 걸음마를 시작하는 돌 무렵이 되면 스스로 걸어 다니면서 여기저기 탐색을 시작한다. 주변에 있는 다른 아이에게 다가가 머리를 쓰다듬거나 신기한 것이 있으면 손으로 만져 본다. 하지만 아직은 '혼자 놀이'가 대부분이다.

만 2~3세. 아이는 자신의 눈앞에서 물건이 사라져도 어딘가 존재한다는 인지 능력이 눈에 띄게 발전한다. 엄마가 눈앞에 보이지 않아도 안심하고 주변을 탐색한다. 이런 능력이 점차 발달되면서 엄마와 떨어져 친구와 '놀이 관계'가 가능하다.

'미안해' '안녕' '놀자' 등의 또래 관계에 필요한 언어를 사용한다. 점차 다양한 언어를 쓰기 시작하면서 적극적으로 또래와 상호작용도 하고 놀이도 한다. 차례를 기다리며 나름의 규칙도 지킨다. 하지만 아직 서로의 놀이에 관심을 기울이거나 함께 노는 모습을 보여주진 않는다.

만 3세 이후. 또래 친구들과 적극적으로 관계를 형성해 나간다. 같은 공간에서 같은 장난감을 가지고 놀기도 하고 장난감을 서로 바꾸어 놀기도 한다. 하지만 협동이라는 모습은 아직 보이지 않는다. 두세 명이 함께 놀더라도 협동으로 다리나 기찻길을 만들어내진 못한다.

조망 수용 능력이 없어 자기중심적이 될 수밖에 없는 유아기

이렇듯 2~7세까지 성장과 발달이 빠른 속도로 이루어진다. 피아제(Piaget)는 이 시기를 인지 발달 단계 중 전조작기라고 정의했다.

이 시기 유아의 가장 큰 특징 중 하나는 '자기중심적'이다. 옆에서 또래 친구와 같은 장난감을 가지고 놀기는 한다. 그러나 함께 힘을 합쳐 무엇인가를 만들어내는 '조망 수용 능력'이 없는 시기이다.

자기중심적인 유아는 자신이 좋아하는 것은 다른 이도 좋아한다고 여긴다. 자신이 알고 있는 것은 다른 사람도 알고 있다고 생각한다.

오래전, 아빠 생일 선물을 고르러 아이들과 함께 쇼핑센터에 갔다. 자매가 투닥투닥, 옥신각신했다.

"아냐, 뽀로로 줄 거야. 싫어. 아빠한테 줄 거라고. "

작은 아이는 굳이 뽀로로 인형을 고르겠다는 거였다. 언니는 고집 쟁이 동생 때문에 잔뜩 화가 났다.

"엄마, 솔이가 아빠 선물로 뽀로로를 하겠대요. 치, 지가 갖고 싶으니까."

작은 아이는 아빠 선물이 결국 자기에게 돌아올 것이라는, 약삭빠른 속셈이 있었을까. 아니었다. 자기가 좋아하므로 아빠 역시 당연히 좋아할 거라고 생각한 것이었다.

자기중심적인 아이는 이기적일까?

자기중심성이 강한 아이는 또래 그룹에서 소외되기 쉽다.

다른 사람의 입장에서 생각하지 못하기 때문이다. 자기중심성이 강하면 잘난 척하는 것처럼 느껴져 고집이 센 아이로 받아들여진다. 친구 관계가 좋을 리 없다. 그러나 정작 본인은 왜 친구들이 자신을 거절하거나 소외시키는지 알지 못한다. 자주 짜증을 내고 점점 제멋대로 행동하게 된다. 그럴수록 관계는 더욱 틀어지기 마련이다.

그리스 신화에 나오는 나르시스는 자아도취의 상징적 인물이다. 소년 나르시스는 물에 비친 모습을 보았다. 그 모습이 너무 아름다워서 가까이 가다가 물에 빠져 죽고 말았다. 물에 비친 모습이 바로 자기 자신이었던 것을 모른 채.

나르시시즘에 빠진 사람의 특징은 모든 관심이 자신에게만 집중되어 있다. 스스로에게 심취되어 다른 사람의 좋은 점을 받아들이지 못한다. 사람들과 관계를 맺고 있다 해도 자기중심적 사고 때문에 결국 관계를 망가뜨린다. 자신이 최고라고 생각하고 다른 사람은 자기를 위해 존재한다고 생각한다.

"자기만 생각하는 우리 아이, 너무 이기적인 것 같아 불안해요."

이렇게 말하는 부모님들을 종종 만난다. 그러나 '이기적인 것'과 '자기중심적인 것'은 다르다.

유아기의 아이들은 어른처럼 생각하지 못하기 때문에 모든 생각을 자기 자신에게 맞춘다. 이 현상까지는 자기중심적이라고 할 수 있다. 그러나 이 시기 부모가 과잉보호하거나 지나치게 간섭하게 되면, 이런 특성이 더욱 강화된다. 결국 다음 발달 단계로 나아가지 못하고 정말 '이기적인 아이'로 성장하게 된다.

자기중심적 사고가 강한 아이들은 다른 사람의 말을 이해하는 능력이 부족하다. 자신의 생각과 다르다는 것을 받아들이고 협업하는 것이 어렵다.

대부분 유아들은 이러한 자기중심적 사고를 갖는다. 시간이 지나면서 점차 없어진다. 발달의 단계 가운데 있기 때문이다.

그러나 더욱 강화되는 경우도 있다. 아이들의 자기중심성을 끝없이 받아주기 때문이다. 요즘은 한 자녀가 많고, 늦은 결혼으로 늦게 낳은 아이들이 많아 부모가 아이를 애지중지 키운다. 기를 살려주기 위해 소위 모든 일에 '오냐오냐' 하면서 기르는 경우이다.

유아의 자기중심적 사고를 꾸짖거나 혼을 내는 방법으로 수정하려 들어선 안 된다. 오히려 발달 시기에 생기는, 자연스러운 현상으로 이해하고 인정해야 한다. 무조건 수용하고 방치하자는 뜻은 아니다. 아이가 자기중심적 사고에서 벗어날 길을 유연하게 제시해줘야 한다.

조망 수용 능력이 생기면서 사라지는 자기중심성

지나치게 자기 생각만 주장하는 모습이 지속되면 관계를 맺고 유지하기 어렵다. 따라서 부모의 도움이 필요하다. 이런 자기중심성에서 벗어나기 위해서는 다른 이의 감정과 상황을 인지하고 동시에 이해하는 능력이 필요하다. 이를 조망 수용 능력이라고 한다.

조망 수용 능력이란 다른 사람의 마음, 느낌, 생각을 그 사람의 관점에서 이해하는 능력을 말한다. 조망 수용 능력이 부족한 아이는 자신과 다른 상황에 있는 사람들이 보는 사물의 모습을 이해하기 힘들다. 즉 자기를 중심에 놓고 사물을 보기 때문에 다른 사람이 어떤 생각을 하고 어떤 느낌을 갖는지 관심이 없다.

조망 수용은 공감 능력, 언어 발달, 자아 개념, 자아존중감 등의 발달에 매우 중요한 영향을 미친다. 2~7세까지 자기중심성이 강하나 7세 이후에는 조망 수용 능력이 발달한다.

조망 수용 능력을 향상시키는 방법은 무엇이 있을까?

그 시작은 부모와의 대화에서 비롯된다.

"네가 하고 싶은 놀이만 하겠다고 하면 친구들의 마음이 어떨까?"
"친구들은 어떤 생각일까?"
"친구도 먼저 하고 싶으면 어떻게 해야 할까?"
"네 마음도 중요하지만 친구 마음도 생각해보자."

유아의 관점에서 다른 이의 마음을 생각해보게 하는 것이다. 그런 의미에서 하브루타는 매우 효과적인 방법이다.

하브루타는 질문을 통해 아이 스스로 생각할 기회를 갖게 한다. 나아가 다른 행동을 할 수 있도록 유도한다. 아이의 조망 수용 능력이 향상되고, 아이들은 좋은 관계를 맺기 시작한다. 하브루타의 힘이다.

이처럼 조망 수용 능력이 점점 발달해가면서 아이들은 자기중심성에서 벗어나게 된다. 상대방의 얼굴 표정을 통해 그 사람이 무슨 생각을 하고 있는지 이해하는 능력이 점점 발달한다. 그러면서 상대방 입장에서 느끼고 생각할 수 있게 된다. 상황이 어려운 친구를 돕거나 힘이 약한 친구를 돌봐주기도 한다. 이런 능력은 관계성 발달에 중요한 힘이 된다.

유아기 아이들은 '함께'가 서툴고 '혼자'가 편하다

발달 단계에서 자연스러운 현상이므로 조급하게 여길 필요가 없다. 다만 조금씩 관계에 대한 시야가 트이고 경험이 늘어갈 기회를 만들어줘야 한다. 그러면서 아이는 관계의 기술을 배워 나가게 된다.

공자의 논어에 영과(盈科)라는 말이 나온다. 흐르는 물이 구덩이를 만나면 그 구덩이를 다 채운 후에야 비로소 다른 곳으로 흘러갈 수 있다는 의미이다.

이 이치는 아이의 관계성에도 그대로 적용된다. 관계성을 위한 조기 교육은 없다. 아이는 아이 나름의 발달 단계가 있기 때문이다. 당장의 목표 때문에 급하게 서두르지 말아야 한다. 오히려 부작용만 초래할 뿐이다. 따라서 관계가 좋아지려면 관계에 영향을 주는 발달 단계를 충분히 이해하고 경험해야 한다.

관계에 서툰 우리 아이를 위해 해줄 수 있는 것은 무엇일까?

부모는 관계의 모델이 되어 주는 것부터 시작하자. 상호작용을 도와주는 놀이를 부모와 먼저 경험해 보자. 아이와의 대화를 통해 마음을 물어보며 감정에 대해 이해하게 해주자.

'만약 나라면 어떨까?'라고 생각하는 연습을 시키는 것이다. 그리고 가능한 한 여러 사람들을 만나 다양한 경험을 할 수 있는 환경을 만들어 주는 것이 좋다.

이런 관계에 필요한 기술들은 한 번에 익숙해지는 것이 아니다. 반복을 통해 자연스럽게 익힐 수 있도록 기다려주고 지지해줘야 한다.

아이의 관계성을 위해 부모의 인내가 필요하다.

관계에 서툰 아이에게는 이유가 있다

사람은 누군가와 불편한 관계를 갖는 순간 행복지수가 떨어진다.

부모들은 내 아이가 사회 속에서 원만한 관계를 이어가며 성장하길 바란다. 그러나 부모의 기대와는 달리 관계에 서툴고 관계 맺기를 어렵게 여기는 아이들이 많다.

유치원에 입학하면서 아이들의 관계 스트레스는 본격화된다. 친구들과 즐겁게 지낸 날은 아이의 표정이 밝다. 유치원이 재미있고, 또 가고 싶다고 한다. 반대로 친구와 다퉜거나 갈등이 있었던 날은 유치원이 싫고, 가지 않겠다고 한다.

학교에 입학하면 관계로 인한 스트레스는 더욱 심각해진다. 교실에서 여러 아이와 관계를 맺어야 한다. 선생님과의 관계도 경험해야 한다. 친구와 관계 맺기에 실패할 경우, 아이는 학교생활에 흥미를 느끼지 못한다. 재미를 잃어버리는 데서 그치지 않고, 좌절과 낙심과 소외감으로 성격조차 변할 수 있다.

관계에서 오는 스트레스 혹은 관계로 인한 행복감은 유아에서 성인에 이르기까지 인간의 보편적인 현상이다. 좋은 관계를 맺는다는 것은 삶의 행복지수를 높이는 중요한 요소이다. 어찌 보면 가장 핵심일 수 있다. 결국 우리는 관계 속에서 살아가야 하기 때문이다.

아이의 관계 시작은 부모이다. 첫 단추가 잘 자리 잡아야 다음 순서도 어긋나지 않는다.

유아기의 아이들은 부모와의 관계를 '좋다, 나쁘다'라고 섣불리 말할 수 없다. 하지만 이 시기에 부모에게서 느낀 관계의 경험은 대단히 중요하다. 장차 아이의 사회적 관계성에 크나큰 영향을 미치기 때문이다. 부정적 감정 경험은 아이의 사회적 관계성 발달에 좋지 않은 영향을 준다.

관계성 발달을 위한 부모의 역할을 말하기 전에 먼저 알아둬야 할 바가 있다. 관계에 서툰 아이로 자라게 하는 원인부터 먼저 찾아내야 한다. 상처가 치료되어야 비로소 생살이 돋는 법이다. 관계를 망친 이유를 짚어내 해결하는 과정에서 결국 긍정적인 관계로 진전된다.

내 아이의 관계에 부정적 영향을 주는 것은 어떤 것일까?

하나, 아이의 감정을 무시한다.

그림책 하브루타로 도서관에서 만난 여섯 살 수연이가 있다. 도서관 수업 첫날 엄마 손을 잡고 들어왔다. 낯선 환경에 남자아이들이 많아서인지 어색하고 긴장된 모습이었다.

"엄마, 다른 데 앉고 싶어."

"그래그래, 알았어."

"엄마......."

"수업 잘하고 와."

수연이는 엄마에게 자리를 바꿔 달라는 눈빛을 수차례 보내고 조심스레 말도 했다. 엄마는 알았다면서 그냥 나가버렸다.

나는 수연이에게 다가갔다. 수연이는 엄마가 자기 말을 듣지 않는다고 이야기를 하다가 울컥한 마음에 울어버린다. 정말 엄마 때문이었을까. 보다 근본적인 이유가 있었다. 수연이는 새로운 친구와 관계 맺는 것이 두려웠던 것이다.

나는 한참을 우는 아이의 손을 잡아주며 기다렸다.

"수연아, 나는 오늘 너와 함께할 선생님이야. 내가 어떻게 도와주길 원하니?"

조금 진정이 되었는지 수연이가 고개를 들었다.

"저쪽으로 가고 싶어요."

수연이가 가리키는 곳에 여자아이가 앉아 있었다.

"선생님이 데려다줘도 될까?"

고개를 끄덕이는 수연이와 자리를 옮겼다.

그렇게 첫날을 보냈다. 10주 동안 수연이를 만났다. 순하고 얌전한 아이였다.

하브루타 수업이 진행되면서 수연이는 점점 활발하게 친구와 자신의 생각과 이유를 나누었다. 하지만 보드 게임이나 모둠 활동에선 다른 모습을 보였다.

좀처럼 입을 열지 않았다. 자기의 의견을 내세울 줄 몰랐다. 자신의 차례임에도 다른 아이가 주사위를 가져가도 달리 항의를 하지 않았다. 그냥 속상한 눈빛으로 친구를 바라보기만 했다.

수연이는 소심한 기질 탓도 있겠지만, 이전의 관계 경험을 통해 더욱 위축된 듯했다. 그 경험은 부모로부터 비롯되었을 것이다. 자리 옮겨달라는 부탁을 엄마에게 거절당했던 경험처럼.

감정을 무시받은 아이들은 관계에 소극적이다

자신의 감정과 생각을 거절당하거나 무시를 받은 아이들은 소심해지기 쉽다. 자존감이 낮아지며 또래 관계에서 위축된다. 보드게임이나 모둠 활동에 참여하지 못하는 수연이가 그랬다.

아이의 감정과 생각을 일부러 무시하는 부모는 없다. 다만, 아이의 생각과 감정을 거절하는 상황과 이유가 정당하다고 생각할 뿐이다.

만약, 내 아이가 아니라 다른 어른이라고 가정해 보자. 거절하고 모르는 척 무시할 수 있는가? 그렇지 않을 것이다.

아이에게도 존중받아 마땅한 감정과 생각이 있다. 그 감정과 생각이 손상을 받을 때, 내성을 갖춘 어른들과 달리 깊은 상처로 자리 잡는다. 결국 다른 영역에까지 악영향을 미치게 된다.

계속 내 아이의 감정과 생각을 거절하고 무시하라.

대신 각오하라. 또래 관계에 소극적이고 자존감 낮은 아이로 자라게 될 테니까.

둘, 부정적인 말과 잔소리이다.

백희나 작가의 그림책 《알사탕》의 한 장면이다. 주인공 아빠는 집에 들어오자마자 동동이에게 잔소리를 쏟아낸다.

숙제했냐? 장난감 다 치워라. 이게 치운 거냐? 빨리 정리하고 숙제해라. 구슬이 산책시켰냐? 똥은 잘 치웠냐? 산책갈 때 비닐봉지 챙겨서 나갔냐? 손은 닦았냐? 제대로 돌보지 않을 거면 개 키울 자격도 없다. 글씨가 이게 뭐냐? 창피하다. 자전거 열쇠는 찾았냐? 이름은 써 놓았냐? 리모컨은? 똑바로 앉아라. 밥풀 흘리지 마라. 밥 먹다 화장실 가지 마라. 문 꼭 닫아라. 등 펴고 의자 당겨 앉아라. 꼭꼭 씹어라. 입 다물고. 알림장 제대로 적어 왔냐? 물은 밥 다 먹고 마셔라...

잔소리는 부모에 대한 호감을 빼앗는다

단지 그림책에만 있는 장면인가. 부모인 자신의 모습과 많이 닮아 있진 않은가.

그렇다. 부모는 알게 모르게 잔소리가 잦다. 노파심 때문이다. 그러나 듣는 아이 입장에선 어떠할지 생각해 봐야 한다. 잔소리를 하면 아이는 긴장하고 스스로 판단하는 힘이 사라진다. 그 뒤부터는 초조하고 불안한 감정이 지속된다.

신경을 곤두세워야 할 초조하고 불안한 상황 속에서 관계는 삐걱대기 마련이다. 관계는 편안한 분위기 속에서 형성이 된다.

어른들이 중요한 사람과 좋은 관계를 맺고 싶을 때를 생각해 보라. 여유로운 음악이 흐르는 곳, 향기 좋은 차를 마주하고 앉아 이야기를 나눈다. 편안한 분위기 속에서 함께할 때 자연스럽게 서로에 대한 호감을 갖게 된다.

아이를 향한 지나친 잔소리는 부모에 대한 좋은 감정을 잃게 한다. 부모에게 사랑받고 있다는 느낌마저 빼앗아간다.

아이가 성장하면서 부모에 대한 호감을 잃어가게 하려거든, 아이를 기다리지 말고 잔소리해라. 머지않아 아이가 방문을 쾅 닫고 들어가는 날이 올 것이다. 물론 그 순간 관계의 실상을 확인하며 뼈저린 후회를 하게 될 터이지만.

고등학교 2학년 영준이를 대안 위탁 교육 학교에서 만났다. 학교 부적응 아이들이 모이는 곳이었다. 영준이 문제로 가끔 어머니의 전화를 받는다. 그날도 어머니는 전화로 속상한 일을 털어놓았다.

"학원 마치는 시간에 맞춰 마중을 나갔어요. 차에 타면서부터 영준이가 여자 친구와 통화를 하더니 집이 올 때까지 전화를 끊지 않는 거에요. 아이에게 궁금한 게 있어서 물어봤는데 통화 중이라고, 대꾸도 하지 않잖아요."

속이 부글부글 끓어올라서 결국 '전화 끊어!'라고 소리쳤다고 했다. 그리고 훈계의 말을 시작했단다.

어른이 계시면 얼른 전화를 끊어야지. 다녀왔습니다, 인사도 안 하냐? 무슨 통화를 그렇게 길게 하냐? 여자 친구를 사귀면 그래도 되는 거냐...

집에 도착해 영준이는 말도 없이 방으로 들어가 버렸다고 했다. 그리고 다음 날은 아침 일찍 집을 나가버렸다.

어머니는 울먹이는 목소리로 물었다.

"선생님, 아이 키우기가 왜 이렇게 힘들어요?"

계속 이어진 영준이의 통화를 어머니는 잔소리로 제지했다. 통화를 그쳤다고 해결된 점은 없었다. 둘 사이 상한 감정은 해소되지 않았고, 오히려 관계의 간격은 더 벌어지고 말았다.

나는 영준이 엄마에게 이렇게 얘기했다.

"만일 어머니가 통화 중일 때 아이가 기다리지 않고 말을 걸면 어떻게 하시나요?"

"그야 기다려 달라고 하죠."

"그럼 아이가 기다리지 않고 계속 떼를 쓰면 기분이 어떠실까요?"

"화가 나겠죠."

"그렇죠. 영준이의 상황도 어머니의 입장과 다르지 않을 수 있었겠네요."

상대의 입장에서 생각해보려는 마음이 존중

좋은 관계에는 불통의 장벽이 없다. 소통은 상대의 입장을 존중할 때 이뤄지고, 신뢰의 관계는 소통을 바탕으로 한다.

영준이는 정말 필요한 이야기를 하고 있었을지도 모른다. 먼저 확인했어야 한다. 영준이가 시시한 잡담을 늘어놓는다고 지레 판단했기에 감정이 상해버린 것이다. 어머니에게는 영준이 입장에서 생각해보려는 존중이 없었던 셈이다.

반대로 어머니 역시 영준이에게 중요한 문제를 말하고 싶었을 수도 있다. 그렇다면 상황을 이야기하고 전화를 서둘러 마쳐 달라고 부탁을 해야 옳다. 그리고 영준이를 기다려줘야 한다.

영준이가 하브루타 독서 토론 시간에 했던 말이 떠올랐다.

"대학 안 갈 거예요. 고등학교 졸업하면 혼자 독립해서 살겠어요."

나는 왜 집에서 나가서 살고 싶은지 물었다.

"가족과 식사하는 시간이 제일 싫어요. 처음엔 웃으면서 말하다가 꼭 잔소리와 듣기 싫은 말로 넘어가요. 그리고 대답하지 않으면 화를 내요."

'아이 생각 연구소' 권문정 소장은 이렇게 말한다.

"사춘기 아이와 베프가 되고 싶으세요? 그럼 어렸을 때부터 존중의 질문으로 아이의 생각을 말하게 하세요. 그리고 생각하며 멈추는 아이가 되게 하세요. "

자동차도 브레이크를 밟으면 속도가 줄어드는 제동거리가 있다. 급정거를 자주 할수록 브레이크 패드가 닳아지고 파열되기도 한다. 아이들의 제동거리는 개인마다 차이가 있다. 부모가 일방적인 잔소리로 제동거리를 단축시킨다면 어떻게 될까. 아이와의 관계가 멀어지고 심지어는 부모와의 대화를 거부하는 아이로 자라게 될 것이다.

셋, 아이의 요구를 무조건 받아준다.

모든 것을 아이 중심으로 생각하며 원하는 바를 다 받아주는 부모들을 종종 만난다. 그러한 양육 태도가 곧 아이를 사랑하는 것이라 믿고 있다.

그러나 가정의 울타리를 벗어나는 순간 문제와 맞닥뜨린다. 특히 친구 관계에서 그렇다. 또래 친구에게조차 부모에게 받은 대접을 그대로 요구하기 때문이다.

부모가 무조건 받아주는 아이는 자신이 거절을 당한 경험이 없다. 자신의 뜻대로 모든 것이 이뤄진다고 생각한다. 친구와의 관계에서 고집이 세진다. 마음대로 편도 가르다 보니 결국 친구들이 놀아주지 않게 된다.

무조건적 허용은 아이의 관계를 망친다

막내 아이 초등학교 2학년 때 학급에 다문화 가정의 아이가 있었다. 가형이라는 여자아이였다. 아빠는 쉰 살이 넘었고 엄마는 외국인이었다. 부모는 물론 조부모님까지 아이의 요구를 무조건 들어주었다. 여덟 살 아이가 SNS를 아빠 계정으로 사용하고 있을 정도였다. 나의 막내 아이가 친구의 요구를 잘 들어주다 보니 둘이 단짝처럼 지내게 되었다.

어느 날 가형이 엄마가 아이들을 데리고 함께 놀자고 했다. 게임을 하던 중 나의 아이가 내리 세 판을 이기게 되었다. 가형이가 씩씩거리며 심술을 부렸다. 그러자 가형이 엄마가 뒤에서 아이의 게임에 훈수를 두었고, 아이는 연달아 두 판을 이겼다. 가형이는 나의 막내 아이에게 "그것도 못해?"라며 비아냥거렸다.

따질 법도 한 막내 아이가 가만히 있길래 집으로 돌아와서 물어보았다. 가형이 엄마가 도와주는 것을 알았지만, 그걸 얘기하면 가형이가 또 화내고 소리 지를 것 같아 그냥 두었단다. 다음부턴 가형이 엄마가 있을 때는 카드게임을 하고 싶지 않다고 했다. 덧붙이길 가형이 엄마는 가형이가 친구에게 잘못해도 '이해해달라, 미안하다, 아줌마가 대신 사과할게'라고 말한다고 했다.

다문화 가정이라 엄마는 늘 미안했을까. 아빠는 늦둥이로 본 가형이가 너무 사랑스러워 무엇이든 다 받아주었을까. 가형이 부모님도 가형이가 대인 관계가 좋은 아이로 자라나길 바랄 것이다. 하지만 지나친 억압만큼 아이를 나쁘게 만드는 것은 과도한 자율이다. 무조건적인 수용은 버릇없는 아이, 자기 주장에만 빠지는 독단적인 아이로 만든다. 친구들은 고집스럽고 자기만 아는 아이로 기억할 것이다.

부모의 지나친 수용은 아이의 관계를 망친다.

모든 것을 허용받은 아이는 타인에 대한 공감과 이해능력이 떨어진다. 배려의 경험이 없기 때문에 양보와 타협을 할 줄 모른다. 책임감이 부족하며 타인과의 원만한 관계를 유지할 수 없다.

넷, 부모에 대한 아이의 믿음을 깨라.

어느 날 공자의 제자인 증자(曾子)의 아내가 시장에 가려 하였다.

그러자 어린 아들이 울면서 쫓아 나왔다. 증자의 아내는 얼른 아이를 떼어 놓을 요량으로 말했다.

"자, 빨리 집에 가 있어라. 시장 갔다 오면 돼지를 잡아서 맛있는 고기를 구워 줄 터이니."

그 말을 들은 아이는 비로소 울음을 멈추었다.

그녀가 시장에서 돌아오니 증자가 돼지를 잡으려고 준비하고 있었다. 이 모습을 보고 깜짝 놀라서 말렸다.

"안 됩니다. 아이에게 농담으로 한 말이었어요."

그러자 증자는 아내에게 단호하게 고개를 저었다.

"아이에게 그런 농담을 해서는 아니 되오. 부모에게서 여러 가지를 배우려는 아이에게 거짓말을 하면 결국 거짓말하는 법을 배우게 되는 게 아니오."

증자는 아내가 아이와 약속한 대로 돼지를 잡아 구웠다.

한비자에 나오는 이야기이다.

증자의 태도는 시사하는 바가 크다. 아이는 가정에서 부모로부터 약속을 배워 나간다. 인간관계에서 중요한 요소는 신뢰, 정직이다. 아이의 요구를 들어주기로 했다면 약속을 꼭 지켜야 한다.

아이가 놀아달라고 하면 부모는 쉽게 "나중에"라고 말하며 미룬다. 정확한 시간 개념이 없는 아이로선 '나중에'라는 말을 거절로 받아들일 수 있다. 아이의 요구를 당장 들어줄 수 없다면 분명한 이유를 말해주고 아이에게 이해를 구해야 한다.

아이들은 부모를 통해 신뢰를 배운다. 그 신뢰를 바탕으로 타인과의 신뢰를 배워간다.

부모는 아이에게 바람직한 모델이 되어 주어야 한다. 타인과의 관계에서 신뢰가 없는 아이를 만들고 싶다면, 혹은 자신의 말에 책임지지 않는 아이로 자라게 하고 싶다면 간단하다. 아이와의 약속을 가볍게 생각하면 된다.

관계를 잘하기 위해 필요한 지능이 있다

지능이라는 말을 들으면 떠오르는 말이 있다. I.Q(Intelligence Quotient)이다.

학창 시절 지능지수 검사는 의당 받아야 할 절차였다. 여러 장의 시험지에 빽빽한 문제들을 읽고 바로바로 풀어야 했던 지능검사가 아직도 생각난다. 더불어 가슴 아팠던 추억과 함께.

당시 나는 교내의 다양한 활동에 열성적으로 참여했다. 학급 반장 선거에 수시로 후보에 올랐다. 1등은 아니었지만 공부 못한다는 소리를 들어본 적 없으니 학교생활은 그럭저럭 즐거웠다.

고등학교 1학년 때 기억이다. 학기 초 전국 모의고사와 지능지수 검사가 함께 진행되었다. 하루는 점심 시간에 같은 반 친구 은정이 가 나에게 달려왔다. 교무실에서 뭔가를 봤단다. 바로 얼마 전 검사 했던 IQ 결과지였다. 슬쩍 보다가 담임선생님께 들켰는데 콩, 머리 한 대 쥐어박으시며 윗부분에 있던 나의 지능검사 결과를 두고 이렇게 말씀하셨단다.

"그 녀석 머리는 좋은데 노력을 하지 않아. 성적이 늘 제자리걸음이라 안타깝네."

순간 얼굴이 달아올랐다. 은정이와 친하긴 하지만 내 IQ를 다른 아이에게 말해준 담임이 마냥 곱게 느껴지진 않았다.

그때 다른 친구가 큰 소리로 물었다.

"그래서 아이큐가 몇인데? 내 것은 봤어? 나는?"

순간 교실이 갑자기 소란스러워졌다.

당시 아이들에게 IQ는 성적 등수만큼 자신의 자존심의 기준이 되었다. IQ가 좋은데 성적이 나쁜 친구는 노력하지 않는 아이로 평가했다. 어떤 친구는 IQ가 두 자리 숫자라면 큰일이라도 난 듯 호들갑을 떨기도 했다. 그 시절엔 성장기 아이들의 지능 평가 기준은 IQ가 절대적이었다.

우리나라 사람들의 아이큐는 세계 2위라고 한다. 과연 성공지수, 행복지수도 세계 2위가 될까?

요즘의 지능지수는 예전과 달리 취급받는다. 지능지수 검사 시 개인의 특수성과 개별성이 무시된 까닭이다.

행복한 삶을 위해 아이들에게 필요한 지능은 어떤 것일까?

맏아이가 태어난 즈음이었다. 육아를 공부하던 중 감성지능 E.Q(Emotional Quotient)를 알게 되었다.

EQ는 IQ와 대조되는 개념으로 자신의 감정을 적절히 조절, 원만한 인간관계를 만들어 갈 수 있는 '마음의 지능지수'를 뜻한다. 다른 말로 정서 지능이라고도 한다. 미국의 심리학자 다니엘 골먼의 저서 《EQ 감성지능(emotional intelligence)》에서 유래된 개념이다.

EQ가 높은 아이가 사회적으로 성공하고, 행복할 수 있다는 연구 결과가 꾸준히 발표되면서 한때 EQ 열풍이 불기도 했다.

사람들에게 잠재된 능력에 대한 연구가 시작되면서 하버드 대학의 하워드 가드너 박사는 '다중지능' 이론으로 사람들의 다양한 능력을 정의하였다.

다양한 지능이 조합된 인재가 미래 사회에 적합하다

'다중지능'은 사람의 지능이 하나가 아닌 여러 요인들로 구성되어 있다는 이론이다. 다중지능에 의하면 사람과 사람의 관계에서도 잠재된 능력을 갖고 있는 아이, 그 능력이 부족하여 돌봄이 필요한 아이들이 있다.

다중지능은 크게 여덟 가지로 구분된다.

언어 지능: 단어의 쓰임새를 알고 능숙하게 사용하는 능력. 즉 글을 쓰는 능력이다.

논리-수학 지능: 숫자를 능숙하게 사용하거나 추론하는 능력. 논리적인 능력이다.

공간 지능: 시각적 형태와 이미지를 이해하고 지각하는 능력. 공간적 세계를 이해하고 지각하는 능력이다.

신체-운동 지능: 자신의 신체를 이용해서 생각이나 감정을 자유자재로 표현하는 능력이다.

음악 지능: 음의 선율, 리듬, 박자 등을 알고 이를 표현하고 창조해내는 능력이다.

대인 관계 지능: 다른 사람들과 관계를 맺고 이해하는 능력이다.

자기 이해 지능: 자신을 이해하고, 반성하며 책임감 있게 행동할 수 있는 능력이다.

자연 친화 지능: 자연에 대한 관심이 높고 자연현상을 탐구, 분석하는 능력이다.

바야흐로 4차 산업혁명 시대이다. 시대의 흐름에 적합한 역량은 무엇인가?

의사소통 능력, 협업 능력, 비판적 사고능력, 창의력이다. 이런 능력을 키우기 위해선 다중지능에서 드러난 것처럼 다양한 지능들이 잘 조합이 되어야 한다.

세계적으로 영향력 있는 사람들을 찾아보면 유대인들이 많이 보인다. 유대인들은 자신들만의 네트워크가 성공의 비밀 중 하나라고 이야기한다. 그렇다면 이들의 대인 관계 지능은 어떠할까?

유대인들은 하브루타를 통한 토론과 논쟁의 문화 속에서 성장한다. 상대의 관점을 이해하고 공감하는 데에 익숙하다. 따라서 대인 관계 지능이 높으리라는 점을 어렵지 않게 짐작할 수 있다. 유대인의 성공 비결이기도 하다.

대인 관계가 좋은 아이가 리더가 된다

대인 관계 지능의 기본은 둘로 나눌 수 있다.

첫째, 다른 사람들과 어울리고 소통하는 능력.

둘째, 타인의 감정과 행동 등을 이해하고 해석하는 능력.

대인 관계 지능이 높은 사람은 혼자 있는 것보다 타인과 어울리는 것을 좋아한다. 다른 사람의 상황을 이해하는 능력과 함께 공감 능력도 뛰어나다. 배려심과 타인에 대한 존중의 태도 역시 좋다.

호감도가 높은 사람은 대부분 대인 관계 지능이 뛰어나다. 더불어 언어 지능과 자기 이해 지능도 높은 편이다. 이런 지능들은 다른 사람을 이해하고 소통하고 공감하며 자신의 의도, 마음, 생각을 적절하게 전달하기 위해 꼭 필요한 지능이다.

예전에는 성적이 우수한 모범생들이 반장이나 학생회장으로 선출되었다. 하지만 이제는 아무리 공부를 잘해도 이기적이거나 잘난 척을 하는 아이는 인기가 없다. 성적은 그저 그렇지만 성격이 좋고 친구 관계도 좋은 아이가 리더가 된다.

배려심 많고, 성격 좋고, 대인 관계를 잘 맺는 아이가 리더가 되는 현상은 학교뿐이 아니다. 사회에서도 똑같이 나타나고 있다.

예전에는 주도형 리더십이 주목을 받았다. 리더가 이끄는 대로 따라가는 것이다. 이제는 친화형, 조율형 리더십을 좋아한다. 지원자, 코치, 분위기 촉진자의 역할인 '임파워링 리더십'이다.

이런 리더십은 한순간에 배워서 생기지 않는다. 어릴 적부터 다른 사람들과 소통하고 존중하는 마음과 태도가 몸에 배어야 한다. 이러한 능력은 다중지능 중 대인 관계 지능과 밀접한 관련이 있다.

대인 관계 지능이 높은 아이의 특징

대인 관계 지능이 높은 아이에게는 몇 가지 특징이 있다.

낯선 이에게 주저 없이 다가간다. 특히 인사를 잘한다. 엘리베이터에서 만나는 어른들에게 인사하고, 새로 전학 온 친구에게도 먼저 마음을 열고 관계를 형성한다. 상대의 마음을 잘 헤아리고 공감 능력이 뛰어나다. 주위에 어울리지 못하는 친구를 잘 챙긴다.

다른 사람들의 의견과 행동을 존중한다. 이런 이유로 집단 활동에서 분위기를 잘 이끌고 갈등을 조절하는 역할도 한다.

상대의 말을 끊지 않고 끝까지 경청하는 능력을 갖추고 있다. 어떤 문제를 결정할 때도 자신만의 생각이 아닌 여러 사람들의 의견을 듣고 함께 조율하는 태도를 보인다.

대인 관계 지능을 '지능의 꽃'이라고 일컫는다. 그만큼 중요한 위치를 차지한다는 의미이다. 그러나 대인 관계 지능을 오해하기도 한다. 특히 학습과 성취를 우선시하는 부모에게서 보이는 모습이다.

오지랖 넓게 자신보다 남의 일을 먼저 살핀다거나, 활달함이 지나쳐 말이 많다거나, 친구의 폭이 넓기는 하나 깊은 사귐이 없다거나....

이러한 평가는 성향에 가깝다. 대인 관계 지능에는 적절하지 않다. 성향은 타고난 기질에 근거하지만, 대인 관계 지능은 영아기부터 학습과 훈련에 의해 좌우된다. 부모가 어떠한 관계를 형성하느냐에 따라 달라진다.

공감 능력 높은 아이가 대인 관계 지능이 높다

우리 아이의 대인 관계 지능은 어떠할까?

이를 분명하게 검증하는 잣대는 공감 능력이다. 상대의 생각, 감정, 상황을 잘 이해하고, "아, 그렇구나"라고 반응한다면 공감 능력을 갖춘 것이다. 따라서 공감 능력이 높다면 대인 관계 지능 역시 그러하다는 의미로 받아들여도 된다.

아이의 공감 능력은 타고난 것도 저절로 생기는 것도 아니다. 공감을 받은 경험에 의해 형성된다. 그 경험의 첫 출발은 역시 부모이다. 부모가 아이의 마음과 생각을 공감해 주면, 아이는 자연스럽게 공감을 배운다. 친구의 마음을 알아주고 이해하는 아이로 자라게 된다.

아이의 공감 능력 향상을 원한다면, 하브루타를 권한다.

하브루타에서 제시한 질문을 통해 자신의 마음을 생각해보게 하고, 다른 사람의 심정은 어떨지를 생각해보게 될 것이다. 이러한 일련의 과정은 아이의 공감 능력을 끌어올린다.

아프리카에 '아이 하나 키우기 위해 온 마을이 필요하다'는 격언이 있다.

양육자의 입장에서 아이를 키우려면 그만큼 많은 사람이 노력해야 한다는 뜻이다. 그러나 아이의 입장에서 보면 다른 의미가 된다. 아이는 많은 사람들과 대인 관계를 맺으면서 비로소 어른으로 성장한다.

애석하게도, 형제자매가 많지 않은 요즘 가족의 형태는 다양한 경험을 하면서 대인 관계 지능을 높일 기회가 흔치 않다. 이를 보완할 방법은 아이들과 함께 다양한 모임에 자주 참여하는 것이다.

함께하는 과정 속에서 사회성과 예의, 남을 배려하는 마음을 배우게 된다. 친구들과 어울려 놀거나 작품을 함께 만드는 협동 활동이 도움이 된다.

다른 사람과 상호작용하는 그 시간을 의미 있고 바람직하게 보내기 위해서는 자신에 대한 관심이 필요하다, 그리고 주위 사람들을 향한 관심과 배려도 필요하다. 친구의 말을 끝까지 듣고 다른 사람의 감정을 느끼기 위해 주의를 기울이는 등 서로를 이해하기 위해 노력할 수 있도록 한다.

관계가 좋은 아이로 성장시키기 위해선 대인 관계 지능이 반드시 필요하다. 따라서 부모는 주기적으로 아이의 대인 관계 지능을 점검해야 한다. 또한 관계 지능 발달을 위해 도와주어야 한다.

다음과 같은 간단한 문항으로 내 아이의 대인 관계 지능을 점검해 볼 수있다.

【대인 관계 지능 점검표】

√ 체크한 문항이 많으면 대인 관계 지능이 높은 편이다.

	혼자서 책 또는 TV를 보는 것보다 여러 사람들과 어울려서 놀이하는 것을 더 좋아한다
	다른 사람들과 대화하는 능력이 뛰어난 편이며, 말다툼을 잘 해결해 주는 편이다.
	다른 사람이 슬퍼하는 것을 보면 같이 슬픔을 느낀다.
	행복해하는 사람들과 있을 때 자신도 행복감을 느낀다.
	혼자 하는 운동보다 농구나 축구처럼 같이 하는 운동을 좋아한다.
	다른 사람보다 앞장서서 일하며, 다른 사람에게 일하는 방법을 보여주곤 한다.
	공부나 놀이를 할 때 친구들이 함께 있기를 원한다.
	다른 사람에 대한 관심이 많고 이해를 잘하는 편이다.
	어떤 문제를 혼자 힘으로 해결하기 위해 끙끙대지 않고 사람들에게 도움을 구하고 협력한다.

하브루타로 쑥쑥 자라는 관계 맺기

현대 사회를 4차 산업혁명 시대라 일컫는다. 인공지능의 판단과 예측 범주는 인간의 능력을 넘어섰다. 이미 많은 일자리를 인공지능이 대신하고 있다. 이러한 추세는 빠르게 확장될 것이므로 우리 아이들의 미래를 염려하지 않을 수 없다.

많은 학자들이 창의력, 의사소통 능력, 협업 능력, 비판적 사고 능력 등을 미래 인재의 핵심 요건으로 꼽는다. 특히 의사소통 능력과 협업 능력을 주목하고 있다.

이 능력은 사람과 사람 사이의 관계에서 비롯된다. 따라서 타인과 관계를 잘 맺는 것이 미래 사회를 대처하는 능력이 된다. 역설적으로 관계 맺기에 서툴다면, 개인의 능력이 아무리 출중할지라도 시대의 흐름에 발맞추지 못한 채 살아가게 된다.

관계 맺기는 한순간에 배워 실천할 수 없다. 어린 시절부터 경험을 통해 자연스레 익혀가야 한다. 관계의 첫 출발은 부모와 가정이다. 부모와 형제자매로부터 바른 관계 맺기를 훈련받아야 한다.

관계성이 좋다는 것은 소통의 능력이 뛰어나다는 것을 의미한다. 소통의 핵심은 대화와 경청이다. 이를 위해 교육현장에서는 하브루타를 적극적으로 도입하고 있다.

하브루타는 유대인의 탈무드 공부법이다. '질문하고 대화하고 토론, 논쟁'하는 교육, 즉 하브루타가 유대인의 우수성을 이끌어왔다.

우리나라에 하브루타를 전파한 전성수 교수는 《자녀교육 혁명 하브루타》라는 책에서 하브루타를 이렇게 정의하고 있다.

'하브루타는 짝을 지어 질문하고 대화하고 토론하고 논쟁하는 것이다. 이것을 단순화하면 함께 이야기를 나누는 것이다. 아버지와 자녀가 이야기를 나누고, 친구끼리 이야기를 나누고, 동료와 이야기를 나누는 것이다. 그 이야기가 약간 전문화되면 질문과 대답이 되고, 대화가 된다. 거기서 더 깊어지면 토론이 되고, 더 깊어지면 논쟁이 된다.'

질문은 관계를 열어준다

하브루타는 왜 소통 능력 향상에 탁월한 효과가 있을까?

그 비결은 무엇일까?

1주일에 한 번 도서관에서 만나는 아이들이 있다. 그중 일곱 살 래인이는 언제나 하브루타 수업 시간보다 일찍 와서 나와 수다를 떤다. 수다에서 질문을 주로 하는 사람은 래인이다.

"선생님 지난주에 뭐했어요?"

"오늘 오기 전엔 어떤 사람을 만났나요?"

"계단을 몇 개 올라오셨어요?"

"오늘은 왜 바지를 입고 오셨어요?"

처음 만났을 때 래인이는 질문은커녕 입을 다문 채 내 눈치만 살폈다. 하브루타 수업이 이어지면서 어느덧 수다쟁이가 되었고, 질문하는 것을 어렵게 여기지 않았다. 또한 질문을 통해 서로를 알게 되면서 나와 좋은 관계를 이루었다.

비단 래인이에게만 한정된 이야기가 아니었다. 수업에 참여한 아이들은 대부분 변화를 보이며 수다쟁이, 질문쟁이가 되었다.

첫 수업 때, 아이들은 조용했다. 선뜻 질문을 하는 아이가 없었다. 질문을 해도 입을 닫아버리곤 했다. 수업 시간에 선생님의 말씀을 잘 들어야 한다고 부모들이 교육했기 때문이다. 하브루타를 조금씩 알아가면서 아이들의 입이 열렸다. 그러면서 아이들 스스로 질문을 하기 시작했다.

자연스러운 질문은 관계를 열어준다

마음을 물어보고 생각을 물어보는 것은, 상황과 이유를 물어보는 것은 타인을 이해할 수 있는 징검다리가 된다. 이해를 통해 친밀한 관계로 이어진다.

내가 아이들에게 인기 있는 선생님이 되는 비결은 그 아이의 마음과 감정을 읽으며 경청과 공감을 하기 때문이다. 그렇게 여러 달 동안 만난 아이들은 하브루타 선생님을 만나면 끊임없이 질문을 던진다. 질문으로 관계를 열어주고 질문을 통해 공감한다. 그러는 동안 아이들과 나는 수평적 관계가 형성된다.

타인과 자연스럽게 질문, 대화, 토론, 논쟁의 문화를 만들기 위해서는 수평적 관계를 맺어야 한다. 수평적 관계의 핵심은 존중이다.

아이와 질문을 맘껏 주고받을 수 있는 수평적 관계를 맺고 있는가?

가족 관계를 살펴보자.

부모가 질문하면 아이는 예의를 갖춰 공손하게 대답하는 순종적인 태도를 보여야 한다는 교육을 받아 왔다. 부모의 말씀에 질문이라도 할라치면 말대꾸한다고 꾸지람을 들었다.

부모는 말하고 아이는 따라야 하는 수직적 관계를 맺어 왔다. 그래서 우리의 가족 관계는 권위적이고 수동적이고 부모 중심이었다.

부모 중심의 관계 속에서 성장한 아이는 청소년기에 접어들면 집보다 밖에서 지내는 쪽을 좋아한다. 밖으로 떠돌며 또래 문화를 따르고 싶어 한다.

아이가 고민이 생겼을 때 누구를 찾길 바라는가?

부모를 찾기를 바란다면 자문해 보길 바란다. 과연 아이와 속마음을 터놓고 이야기할 만큼의 관계를 맺고 있는가?

또한 아이의 입장에서 생각해야 한다. 당신이 아이라면 어떤 결정을 하겠는가? 고민을 잘 들어주고 공감해주는 부모에게 이야기를 하고 싶은지, 아니면 비판하고 충고하며 교훈을 제시하는 부모에게 이야기를 하고 싶은지 말이다.

질문할 수 없는 학교

학교에서의 관계는 어떠한가?

내가 경험한 학교 교육은 철저히 교사 주도였다. 선생님이 가르쳐주는 대로 열심히 필기를 했고, 중요하다는 부분을 기를 쓰고 외웠다. 자기 주도성을 발휘할 발표와 토론의 기회는 거의 없었다. 질문 자체도 낯설었다. 설령 질문을 해도 선생님에게 핀잔을 듣기 일쑤였고, 친구의 눈총도 따가웠다.

또한 수업에서 알게 된 지식을 친구와 나눌라치면 잘난 척한다고 오해를 받을 듯해 아예 입을 다물었다. 교실에서 다른 친구들과 놀이 관계를 맺을 순 있어도 학습 관계를 맺기는 어려웠다. 학습 관계가 형성되지 않은 상태에서 친구에게 선뜻 질문할 수도 없는 분위기였다.

EBS 다큐에서 질문에 대한 실험 영상을 방영한 적이 있었다.

한 대학교 강의 시간에 질문자를 한 명 참여시켰다. 사전에 질문을 준비시켜 수업 시간에 질문을 계속하도록 했다. 실험인 줄 모르고 강의에 참석했던 다른 대학생들의 표정은 질문자가 질문할 때마다 일그러졌다.

실험을 마치고 수업에 참여한 대학생을 인터뷰했다. 질문을 한 학생에 대한 생각을 물어봤다. '나댄다', '재수 없다', '방해가 된다'는 생각이 들었다고 대답했다.

우리는 같은 학교, 같은 과, 같은 교실에 있는 친구들과 의미 있는 토론 관계를 맺어 본 사람이 몇이나 될까? 공부는 혼자서 깊이 열심히 하는 것이란 학교 분위기는, 결국 친구를 같이 노는 관계로만 한정 짓게 만들었다. 함께 성장하는 친구 관계를 기대할 수 없게 했다.

독일의 철학자 가다머는 친구 관계에 대해 다음과 같이 정의했다.

'성공적인 대화는 우리의 내면을 변화시킬 무언가를 남긴다. 친구는 대화 속에서 서로를 발견한다. 그렇게 대화 속에서 서로가 서로를 위해 함께하는 공동체를 만들어 간다.'

수평적 가족 관계, 놀이를 넘어 서로 성장하는 친구 관계

이를 위해 필요한 것이 바로 대화의 기술이다. 대화의 기술은 나를 잘 설명할 수 있어야 한다. 타인을 공감하고 이해하는 능력이 있어야 한다. 나와 다른 생각의 사람을 잘 설득할 수 있어야 한다.

대인 관계의 핵심인 대화의 기술을 잘 익힐 수 있는 교육법이, 바로 하브루타이다.

하브루타는 무엇인가?

첫째, 짝과 함께 공부한다.

서로 설명하기를 통해 지식을 나눈다. 배움과 가르침이 함께 이루어지는 것이다. '나의 성장'이 목표가 아닌 '서로 성장'이 목표가 되는 공부를 한다.

둘째, "왜 그렇게 생각해?"라는 질문에서 시작해 그 답을 찾는 "어떻게?"로 해결하는 교육이다.

셋째, 서로의 주장에 대한 이유를 가지고 상대방을 설득한다. 상대방의 이야기를 경청하고 자기 생각에 견주어보고 수용을 하거나 상대방을 다시 설득하거나 둘의 생각을 모아 하나의 좋은 의견으로 발전시키는 문화이다.

하브루타에는 좋은 관계를 형성하는 힘이 있다.

실천하는 순간 즉시 그 위력을 실감하게 된다.

당장 식탁에 둘러앉아 아이와 자유롭게 하브루타를 해보자.

오래지 않아 아이와 관계가 좋아질 것이다.

존중, 인정, 믿음으로 관계성을 높인다

"하나, 둘, 셋."

카페 안에 울려 퍼지는 아이의 목소리에 고개를 돌렸다.

네 살 남짓한 아이가 계단을 올라가는 중이었다. 난간을 잡고 조심조심 발을 옮기고 있지만 위태로워 보였다. 나는 선뜻 눈을 떼지 못했다. 공연한 노파심이었다. 다행히도 계단 위에는 아이의 엄마가 버티고 있었다.

"저기저기... 저리 가."

아이가 엄마를 향해 말했다. 자신의 행동을 간섭하지 말고 엄마에게 저쪽으로 가서 있으라는 말로 들렸다.

"자꾸 이러면 너랑 밖으로 못 나와."

엄마의 목소리가 날카로웠다.

"엄마, 저기저기...."

아이의 반복되는 말에 엄마는 대뜸 화를 냈다.

"나도 몰라. 너 알아서 해."

엄마는 휙 돌아서 자리로 돌아갔다. 아이는 울음을 터뜨리며 엄마를 뒤따랐다.

나는 아이와 엄마의 모습을 한동안 지켜보았다.

아이가 원하는 건 무엇이었을까? '놀이'라고 하기엔 아이 표정이 사뭇 진지했다. 계단을 세며 하나하나 움직이는 아이의 발걸음은 서툴지만 새로운 '도전'의 모습이었다. 난간 손잡이를 꽉 잡고 있는 아이의 손에서 혼자서도 해낼 수 있다는 굳은 의지가 엿보였다. 아이는 그 성공을 엄마에게 자랑하고 싶었으리라.

스스로 해보려는 도전에 대한 의지를, 엄마는 알고 있었을까?

자신을 믿고 기다려 달라는 아이의 눈빛을 엄마는 보았을까?

보지 못했거나 대수롭지 않게 여겼기에 엄마는 아이를 제지했을 것이다. 다른 사람들과 함께 이용하는 카페라는 공간이 부담스러웠을 수도 있다. 하지만 아이가 계단을 혼자 걷도록 허락했다면 어땠을까. 불안하지만 믿고 기다려 줬다면 아이는 엄청난 성취감을 맛볼 수 있었을 것이다.

아이를 통제의 대상으로 여기지 말고 동등한 인격체로 여겨라

아이는 어리다. 어리다는 것은 어리석거나 모자란 사람이라는 뜻이 아니다. 어리다는 건 어른보다 키와 몸무게가 적다는 것이고, 앞으로 경험해야 할 인생의 시간이 많다는 의미이다.

아이는 자신의 눈높이와 발달 단계에 맞춰 최선을 다한다. 어른 눈높이에 견줘볼 때 어릴 따름이다.

아이에게 물어보면 즉각 확인할 수 있다. 아이에게는 나름의 생각과 이유가 있다. 그 생각과 이유를 어른은 자신의 기준으로 예측하고 판단한다. 아이들을 부족하고 가르칠 게 많은 미숙한 존재로 여긴다. 여기서 문제가 생긴다. 아이의 마음과 생각, 이유를 묻기도 전에 가르치고 통제하려 든다. 그 순간 관계의 거리는 벌어진다.

친밀한 관계를 유지하고 싶은가?

아이를 동등한 인격체로 인정해야 한다. 인격 있는 존재로 존중해주는 것이다.

카페에서 아이의 엄마는 이 과정을 무시했다. 아이를 존중하고 아이의 행동을 인정해줬다면, 둘의 관계는 더 좋아졌을 것이다. 아이의 행동을 저지하려 했다면, 어찌 대처해야 할지 생각하고 아이와 대화를 했어야 했다. 염려와 걱정된 부분을 아이에게 질문으로 공감시켜줬어야 했다. 그리고 공공장소에서의 예절에 대해 함께 이야기를 하며, 아이에게 다른 곳에서 시도해 보자고 약속했으면 좋았을 것이다.

유대인의 부모는 어떻게 자녀를 대하는가?

유대인 부모는 아이를 하나의 독립된 인격체로 대한다. 하나님이 창조한 모든 인간은 평등하다고 믿기 때문이다. 또한 아이는 신이 내려준 선물이라는 생각을 갖고 있다. 그러므로 아이는 존중의 대상인 것이다. 수평적 관계가 자연스레 이뤄진다. 여기서 유대인의 우수성이 출발한다.

우리의 인식은 어떠한가? 여전히 수직적 관계에 묶여 있다.

아이는 가르쳐야 할 존재라는 생각을 놓아야 한다. 부모의 기대와 욕심으로 아이들을 상자 안에 가두어 놓는다면 커다란 나무로 자라야 하는 아이들은 시들시들 말라가게 될 것이다.

존중은 그 자체로 그치지 않는다. 반드시 신뢰로 이어진다.

아이를 존중한다는 것은 아이의 행동을 신뢰한다는 것이다. 아이의 행동에 '그럴 만한 이유가 있을 거야'라고 생각하며 믿어주는 것이다. 아이의 가능성을, 아이의 시간을 기다려주는 믿음이다.

아이는 믿는 만큼 자란다. 내가 어떤 실수를 해도 엄마는 나를 지지해주고 격려해 줄 거라는 믿음. 이러한 믿음이 아이를 바르게 성장시킨다.

부모에게 존중받은 경험으로 아이는 부모를 신뢰하게 된다.

그렇다. 존중은 신뢰 관계를 단단하게 만드는 영양분이다.

아이들이 바보라고 놀렸지만 끝까지 아들을 믿어준 부모가 있었다. 아이는 초등학교 시절에 낙제 성적을 받았고 선생님의 평가도 냉정했다. 하지만 엄마는 달랐다. 비록 아이가 서툴게 말하고 성적이 뒤처질지라도 '발달이 조금 느린 것'뿐이라고 생각했다. 오히려 아이의 호기심을 남다른 능력으로 여겼다. 아이가 독특한, 때론 엉뚱한 이야기를 해도 귀 기울여 들어주었다. 그리고 아이의 현재 모습과 미래의 가능성을 믿어주었다.

엄마는 자신의 믿음을 자주 아이에게 말했다.

"아들아, 너는 남과 다른 특별한 능력이 있어. 남과 똑같지 않기 때문에 성공할 수 있는 거야."

엄마는 믿음으로 아이의 느린 시간을 기다려주었다. 엄마의 믿음을 먹고 자라난 아이는 '상대성 이론'을 만들어낸 사람으로 성장했다. 바로 우리가 알고 있는 천재 아인슈타인이다. 결국 엄마의 존중과 믿음이 20세기 가장 영향력 있는 인물을 만들어낸 셈이다.

'아이는 부족하고 아직 잘 몰라서 가르쳐야 하는 대상'이라는 생각을 내려놓자.

하나의 독립된 인격체로 인정하자.

존중과 신뢰는 아이의 관계성에 긍정적인 영향을 미칠 것이다.

형제자매 갈등을 해결하면서 시작되는 관계 연습

"아이들이 싸우지 않으면 좋겠어요. 눈만 뜨면 싸워요. 작은애는 큰애가 갖고 있는 건 뭐든 샘을 내고 뺏으려고 해요. 정작 자신의 물건에 손대면 소리치면서요. 그러면 큰애는 화를 내고 악을 쓰고, 작은애는 울고불고... 하루하루가 전쟁이에요."

그림책 하브루타 모임에서 만난 은지엄마가 눈물을 글썽였다. 매일 싸우는 두 형제로 인해 하루하루가 힘들다는 것이다. 종일 붙어 있어야 하는 주말은 전쟁과도 같단다. 나름 해결책을 제시하지만 소용이 없다고 했다.

은지엄마의 속상한 마음이 느껴졌다. 형제자매의 싸움은 부모 입장에선 정말 고통스럽다. 어느 편을 들기도 힘들고, 편 들어 해결될 문제도 아니다.

형제자매는 인생에서 만나는 최초의 놀이 친구이다.

어린이집이나 유치원에서 또래 친구가 생기기 전 형제자매와의 놀이가 시작된다. 그리고 가족이라는 울타리 안에서 자신도 모르게 경쟁이 시작된다. 이렇게 형제자매는 놀이와 경쟁 속에서 관계성을 배워 나가게 된다.

형제자매의 소유권 다툼

형제자매 관계에서 다툼의 원인 중 가장 큰 것은 무엇일까?

앞서 은지엄마의 경우에는 아이들이 물건을 놓고 다투었다. 하브루타 수업에서 만난 아이들도 비슷한 고백을 했다. 대부분 동생이나 언니가 자신의 물건을 함부로 만지거나 망가뜨릴 때 화가 난다고 했다. 형제자매의 갈등과 다툼은 소유권 문제에서 비롯되는 셈이다.

우리 집 3남매는 나이 차이가 많다. 큰아이와 막내는 무려 열 살 터울이다.

터울이 많다고 해서 다툼이 없을 것이라는 생각은 오산이다. 형제자매의 경쟁심은 나이 차이와는 상관없는 듯하다. 서로 먼저 물건을 차지하려 욕심을 부렸고, 자신의 물건을 다른 형제가 손댔다고 화를 내는 경우도 빈번했다.

어느 날 큰아이가 하는 이야기에 심장이 쿵 내려앉았다.

"엄마, 왜 매일 나만 양보해요?"

나는 아이들의 다툼이 일어날 때마다 상황을 파악하기보다는 빨리 문제를 해결하고 싶었다. 항상 큰아이에게 양보하라고 말했다.

돌이켜 보면 늘 그런 식이었다.

"윤아, 나눠줘. 동생에게 이제 그만 양보해. 넌 다른 거 갖고 놀면
되잖아. 네 동생인데 좀 같이 놀면 어때. 그렇게 하면 다음부터 아예
안 사준다."

사실 양보를 부탁한 것이 아니었다. 강요와 협박에 가까웠다.

작은아이한테는 특별 대우를 했고, 큰아이에겐 양보라는 미덕 아
래 상처를 안겨주었다. 작은아이는 떼를 쓰거나 고집을 부려도 허용
한 셈이었다. 큰아이는 공평하지 못한 대접을 받는다는 피해 의식을
갖게 만들고 말았다. 물론 의도한 바는 아니었지만 결과가 그렇게
되고 말았다.

'아이들은 싸우면서 큰다'는 말이 있다. 크는 과정에서 자연스러
운 현상이라는 것이다. 그러나 가벼이 넘기기에는 다른 부작용이 나
타난다. 가끔 부부싸움으로 번지기도 하고, 집안의 평화가 깨지기도
하니 말이다.

형제끼리 자주 다툴 때, 부모의 제일 큰 고민은 아이들을 어떻게
중재할 것인가이다.

"제발 사이좋게 지내라"고 타이르기도 하고 야단도 쳐본다. 그러
나 그때뿐이다. 아이들은 서로 싸우다가 화가 나면 씩씩거리며 거친
말을 쏟아내기도 한다. "형이 없어졌으면 좋겠어요", "동생은 왜 낳
았어요" 하면서 부모에게 감정을 쏟아내기도 한다.

그렇다. 자녀들의 다툼을 보는 부모는 마음이 괴롭다.

언제까지 괴로워만 할 것인가. 오히려 기회로 여길 수는 없을까. 서로의 관계에서 갈등을 겪는 것은 차라리 당연한 일이 아닐까.

형제자매 사이에 필요한 건 우애만은 아니다

형제자매가 우애가 있다면 좋은 일이다. 그러나 경쟁하고 다투는 가운데서도 아이들은 많은 것을 배운다. 최초 놀이 친구인 형제자매 관계를 통해 우애와 더불어 경쟁, 타협과 같은 대인 관계 기술을 습득하게 된다. 따라서 아이들이 겪는 갈등은 성장과 발달을 촉진시켜 준다.

형제자매가 좋은 협력자가 되기 위해서는 무엇보다 부모의 역할이 중요하다. 갈등을 성공적으로 해결하지 못할 때는 상처가 된다. 형제자매 간의 다툼도 때론 깊은 상처를 남기고, 미움의 골은 깊어진다.

갈등이 성공적으로 해결되지 못하는 이유는 부모의 잘못된 개입이다. 잘못된 개입의 대표적인 모습은 부모가 심판관이 되려는 것이다. 부모는 판사가 아니다. 부모의 판결로 상황을 종료시켜버리면 아이들은 감정만 쌓일 뿐이다. 한쪽은 억울하고, 다른 쪽은 같은 행동을 되풀이할 것이다. 결국 아이들은 아무것도 배우지 못한다.

갈등 상황에서 부모의 역할은 무엇이고, 적절한 개입은 어디까지일까?

두 아이의 심정을 들어주고 공감해주는 것이다. 거기에서 그쳐야 한다. 그 이상을 넘어서는 순간 재판관이 되고 만다.

"네가 잘못했으니까, 사과해."
"언니가 사과했으니까 가서 사이좋게 놀아."

가정에서 흔히 벌어지는 광경이 아닌가. 이렇듯 부모가 판단을 하고 상황을 끝내버리면, 아이들은 갈등 상황에서 관계를 어떻게 풀어가야 하는지를 배우지 못한다.

부모의 역할은 아이들의 마음만을 들어주는 것이다. 해결은 두 아이가 알아서 하도록 기다려줘야 한다. 그때 아이들은 스스로 갈등 해결의 방법을 찾아간다.

"속상했구나. 그래서 넌 어떻게 하고 싶은데?"
"억울했겠다. 그럼 이제부터 어떻게 할래?"

부모는 심판관 역할을 하지 않는다. 단지 질문을 통해 자신의 입장을 표현하게 이끈다. 그다음은 아이들의 몫이다. 상대의 입장을 나눴기에 아이들은 갈등을 해소할 방법을 찾게 된다. 이로써 아이들은 다툼을 통해 관계 맺는 방법을 배운다.

성공적인 자녀교육에 대해 이야기할 때 빠지지 않는 사례가 유대인이고, 하브루타이다.

나는 하브루타 연구를 통해 유대인 부모는 형제간의 갈등에 적극적으로 개입하지 않는다는 사실을 알았다. 유대인은 형제자매 갈등에서 나처럼 큰아이에게 양보와 인내를 요구하지 않았다. 무조건적인 우애 역시 강조하지 않았다.

유대인 부모는 형제끼리 다투면 심판관으로 나서지 않는다. 양쪽에게 자신의 의사를 충분히 표현할 기회를 준다. 해결책을 스스로 찾도록 기다린다. 다만 더 이상의 싸움은 허용하지 않는다.

"형이니까 참아야 해" 또는 "동생이니까 형에게 대들면 안 돼"라는 일방적 훈계나 훈육을 하지 않는다. 중재자로서 공정하게 아이들을 대한다.

형제끼리 선의의 경쟁은 도덕성이나 독립심, 책임감 등을 효과적으로 배울 수 있는 기회로 여긴다. 그러면서 우애를 키워가도록 유도한다.

부모는 심판관이 아니라 중재자이다

다툼에 끼어들어 큰아이의 역할, 작은아이의 역할을 강요하지 말아야 한다. '형답게, 동생답게'라는 말로 갈등을 해결하려는 태도는 전혀 도움이 되지 않는다. 또한 싸우지 않고 사이좋게만 지내길 바라는 것도 문제다.

사실 형제끼리 다투는 것은 아이들이 성장하면서 거쳐야 할 과정이다. 그런 다툼조차 원천적으로 차단하면, 갈등 관계를 긍정적이고 우호적인 방향으로 해결하는 방법을 배우지 못한다.

아이들은 서로 다투고 경쟁하는 과정에서 서로 다른 점을 인정하고 의견을 조정하고 양보하는 법을 익힌다. 그리고 어떻게 하면 다른 사람의 호의를 얻고 협조를 이끌어낼 수 있는지, 타협은 어떻게 보는 것이 옳은지 등을 경험을 통해 알아간다.

중재자로서 부모의 역할은 이것으로 끝인가?

그 이전에 아이들에게 꼭 알려주어야 하는 것이 있다. 소유에 대한 구분이다.

나의 것, 너의 것, 우리의 것.

물건에는 각자의 소유권, 즉 '나의 것'이 있다는 것을 인식시켜줘야 한다. '너의 것'이 필요할 때는 반드시 주인에게 허락을 구하고 써야 한다는 것이다.

다시금 유대인 가정의 예를 들어본다.

유대인 부모는 아이에게 가족 안에서 공동생활에 필요한 공중도덕과 기본적인 생활예절을 철저하게 가르친다. 또한 집 안에서도 내 것, 네 것, 우리 것을 확실하게 알려준다. 가족끼리도 소유권을 누가 가지고 있는지 분명히 밝혀 자신의 물건 외에는 함부로 손을 대지 않는 습관이 몸에 배도록 한다. 자기 물건이 아닌 것을 쓰려면 허락을 받아야만 한다.

또한 공동 공간에서의 공동 소유권도 어릴 때부터 가르친다. 주방에 있는 식기를 예로 들어보자. 식기는 가족 모두의 소유이다. 그런데 아이가 주방에서 장난치고 놀다가 그릇을 깨뜨렸다. 우리나라 부모는 '그릇을 깼다'는 행위에 대해 야단을 친다. 하지만 유대인 부모는 그릇을 깬 아이는 공동 소유의 그릇을 깼기에 가족 모두에게 피해를 주었다고 이야기를 하며 적절한 훈육과 훈계를 한다.

소유권에 대한 하브루타 대화법

소유권에 대해 세 아이와 함께 하브루타 질문을 만들고 함께 토론해 보았다.

우리 집에서 공동 소유의 물건은 무엇일까?

개인 소유는 어떤 것이 있을까?

공동 소유 물건을 편하게 사용하기 위해 필요한 것은 무엇인가?

만약 허락 없이 나의 물건을 사용하는 것을 알았을 때 기분은 어떤가?

타인의 물건에 함부로 손대면 어떤 일이 일어날까?

다른 사람의 물건이 필요하면 어떻게 해야 할까?

세 아이 모두 가족의 공동 물건이라는 생각을 미처 하지 못했다는 이야기를 했다. '나의 것'과 '너의 것'에 대해 이야기를 나눴다. 형제자매 사이에도 허락을 구하고, 쓰고 난 후 돌려줄 때 고마움을 표시하는 점이 아무래도 어색할 것 같다고 했다.

세 아이의 이야기를 들으며 새삼 놀란 사실이 있었다. 학교에서 친구의 물건을 마음대로 가져다 쓰는 아이들이 의외로 많다는 점이었다.

이렇게 하브루타로 질문하고 대화하고 토론을 하고 난 후 아이들이 달라졌다. 형제간의 사소한 다툼이나 갈등이 줄어들었다. 막내아이가 오빠 방에 들어갈 때 노크를 하기 시작했다. 큰아이는 둘째 아이의 문구류를 빌려올 때는 꼭 물어보는 모습을 보였다. 본인이 집에 없을 때는 전화나 카톡을 하기도 했다.

어릴 때부터 부모가 심어준 내 것과 네 것, 우리 것에 대한 소유의 개념은 자라면서 사회 전체의 공동체 개념으로 확장된다. 유아기부터 '우리 것'에 대한 개념과 그 소중함을 배운 아이는 장차 사회에 진출해도 자연스럽게 행동한다. 공공장소에서 함께 사용하는 물건을 소중히 다루는 습관을 체득하게 된다.

물론 영아에게 물건의 소유권에 대해 명확하게 가르칠 수는 없다. 그렇다고 해서 제멋대로 굴도록 방치해선 곤란하다. 유대인 부모는 '애들이라서 어쩔 수 없다'는 태도를 용납하지 않는다. 아이의 인격과 인권을 존중한다면, 어리다고 특별 대우를 해서는 안 된다는 게 그들의 생각인 것이다.

아이들의 좋은 관계를 위한 첫 출발은 가정이다

가정에서의 다툼과 갈등을 마냥 부정적인 시각으로 볼 필요는 없다. 관계 능력을 키워줄 기회로 여겨야 한다. 자신과 형제자매의 감정을 알고, 적절하게 표현하는 과정을 통해 다른 사람과 원만하게 지내기 위해 필요한 능력과 기본적 태도를 길러주어야 한다.

유아기는 가족들과의 관계에서 벗어나 점차 또래와 이웃으로 사회적 관계가 확장되는 시기이다. 어리다고, 당장 시급한 문제가 아니라고 미뤄두지 말아야 한다. 지금부터 하브루타를 통해 장차 사회의 구성원으로 살아가는 데 필요한 공동체 의식을 길러주어야 한다.

부모는 형제자매의 다툼 자체를 막으려고 애쓰지 말고 잘 해결할 수 있도록 도와야 한다. 하브루타를 통해 자신의 마음과 형제자매의 마음을 생각해볼 수 있도록 하면 오히려 관계는 더욱 돈독해진다. 또한 다툼의 해결 과정을 통해 관계를 배우면 학교생활, 사회생활에서도 관계를 잘 맺어가는 아이로 성장할 수 있다.

현명한 부모가 관계성 좋은 아이로 키운다

인간이 추구해야 할 삶은 무엇인가?

아리스토텔레스는 이성적 사고를 통한 행복으로 규정했다. 인간의 모든 생각과 행위는 결국 행복한 삶에 초점이 맞춰져 있다. 부모가 내 아이에게 바라는 것 역시 행복한 삶이다.

그렇다면 행복은 무엇인가?

그리스어로 행복은 Well-being이다. 즉 잘 존재하는 것이다. 잘 존재하기 위해선 무엇보다 관계 정립이 중요하다. 관계가 어긋나면 어떠한 조건이 갖춰져도 행복감을 맘껏 느낄 수 없기 마련이다.

"선생님 왜 좋은 대학을 가야죠? 이유를 아세요?"

하브루타 수업이 끝난 휴식 시간, 한 아이가 느닷없이 물어왔다. 정말 묻고 싶은 바가 따로 있으리라 생각하며 아이의 곁으로 다가갔다.

"실력 있는 친구들 속에서 좋은 인맥을 만들려면 명문 대학교에 가야 된다고, 저희 엄마가 그러셨어요. 선생님도 그렇게 생각하세요?"

아이의 물음 속에 엄마의 생각이 담겨 있었다. 교육에 대한 가치, 나아가 삶을 향한 안목이었다. 좋은 인맥이 좋은 품성을 지닌 사람을 의미하진 않았으리라. 아이 앞에서 엄마의 식견을 비판하거나 평가하기 난처했다. 한편 여느 엄마라고 그렇게 생각하지 않았을까 하는 생각도 들었다. 그럼에도 쓸쓸한 마음을 떨치기 어려웠다.

과연 대학은 성공을 위한 인맥 만들기의 한 수단에 불과할까?

속칭 SKY대학이 아이의 미래를 보장해 주는 것일까?

행복한 삶을 살기 위해 필요한 것은 무엇일까?

좋은 관계는 인과 예를 갖춘 인성이 따라야 한다

《논어》 내용 중 일부가 떠올랐다. 리인위미(里仁爲美). '어진 이웃이 있는 마을에 사는 것이 아름답다'는 말이다.

공자가 꿈꾸는 이상적인 세상은 인(仁)과 예(禮)가 잘 지켜지는 곳이다. 인(仁)은 사람이 서로 사랑하는 것이고, 예(禮)는 사랑하는 마음이 규범으로 잘 지켜지는 것이다. 인이 마음이라면 예는 마음이 드러나는 모양, 예절이다.

공자가 말하는 '어진 마을'이란 서로 아끼는 마음이 있고 그것이 예절 혹은 규범으로 잘 지켜지는 곳을 의미한다.

행복한 삶은 관계가 잘 이어지는 그곳에서 시작된다고, 나는 생각한다. 성공을 보장하는 인맥을 쌓을 수 있는 공동체가 '좋은 대학'이 아니다. 목적과 수단에 치중한 관계는 상황에 따라 움직인다. 상황이 좋을 때 잘 이어지던 관계도 상황이 바뀌는 순간 어긋나기 마련이다. 마음을 나누는 관계가 아니라 계산을 앞세운 관계이기 때문이다.

행복한 삶을 살기 위해서는 좋은 관계를 맺는 과정이 필요하다.

좋은 관계의 시작은 서로에게 인과 예를 갖춘 사람이 되어 주는 것이다. 내 아이가 상대에게 좋은 친구가 되어 주고, 내 아이와 관계를 맺는 사람들이 인과 예를 갖춘 사람들이라면 더할 나위 없을 것이다.

싫다고 얘기하는데도 자꾸 놀리는 아이.

내가 이야기하면 듣지도 않고 자기 말만 하는 아이.

음식 먹을 때마다 한 입만 달라는 아이.

다른 친구들에게 내 이야기를 자꾸 전하는 아이.

약속을 자주 어기는 아이.

말끝마다 욕으로 대하는 아이.

자꾸 머리나 얼굴을 툭툭 치는 아이.

학령기 아이들이 밝힌 싫어하는 친구의 유형이다.

이런 친구들과는 함께하는 시간이 행복할 수 없다. 처음에는 가까이 지내다가도 순식간에 관계가 틀어지게 된다.

싫어하는 유형의 아이들은 친하다는 이유로 친구를 존중하지 않는다. 제멋대로, 예의 없이 행동한다. 이런 관계는 오래 지속되기 어렵다. 한쪽은 계속 불만을 품은 채 지내야 하기 때문이다. 당하는 쪽은 친구 관계에 대해 고민하며 힘들어한다. 관계가 끊어지는 순간 더 큰 문제로 발전해 왕따나 학교폭력으로 이어질 수도 있다.

좋은 관계를 만들어 가기 위해서는 인과 예를 갖춘 인성이 필요하다. 향기로운 꽃이 나비를 부르듯 좋은 인성은 자연스레 어진 사람과 관계를 이루게 한다.

어떻게 인과 예를 갖춘 아이로 자라나게 할 것인가?

부모가 아이에게 본을 보여주는 것이다. '백문이불여일견'이라고 했다. 직접 경험해야 확실히 알 수 있듯, 아이는 부모에게서 보고 느낀 대로 성장한다.

부모가 먼저 보여야 할 인과 예의

결혼한 지 어느덧 23년이 흘렀다. 경상도 총각과 서울 아가씨가 만나서 사랑하고 결혼하고 세 아이의 엄마가 되었다.

신혼 초 남편이 몹시 아팠던 때가 있었다. 감기몸살이 심하게 걸린 남편이 입맛이 없다며 돼지찌개가 먹고 싶다고 했다. 당시에는 지금처럼 SNS가 있는 것도 아니고 인터넷에서 정보를 쉽게 얻던 때도 아니었다. 먹어보기는커녕 듣지도 보지도 못했던 돼지찌개를 어떻게 끓여야 하는지 막막했다.

아픈 남편에게 어떻게든 먹여 보겠다는 의지의 새댁은 시어머님께 전화를 걸어 간단한 레시피를 얻고 돼지찌개에 도전을 했었다. 맛이 어땠을까? 상상에 맡기겠다.

경험해 보지 못한 것을 표현한다는 것은 어려운 일이다. 흉내는 낼 수 있으나 본질을 표현할 수 없다. 다른 이를 대하는 관계의 모습도 그렇다. 부모에게서 보지도 듣지도 경험하지도 못한 덕목을 아이에게서 요구하는 것은 억지에 불과하다.

오랜 세월 교육현장에 있다 보니, 간접 경험보다 직접 경험의 효과가 훨씬 크다는 것을 수시로 느낀다.

친구에게 간섭과 지시를 하는 아이가 있다. 친구의 놀이를 비판하기도 한다. 유아들의 말이라고 생각할 수 없는 어려운 단어들로 친구들의 마음에 상처를 주는 경우도 있다.

아이들의 무례한 말과 행동은 어떻게 습득되었을까?

어딘가에서 보고 듣고 배운 것이다. 대부분 부모이다. 부모에게서 직접 경험한 바가 그대로 친구에게 드러난 셈이다.

행복한 삶을 위한 관계의 예의는 유아기부터 가정에서 먼저 경험해야 한다. 그러기 위해선 먼저 부모가 어떻게 예의를 실천하고 있는지, 그 결과 가족의 관계를 어떠한지를 점검하길 바란다.

좋은 관계를 갖기 위해 부모가 먼저 실천해야 할 바는 어떤 것이 있을까?

하나, 아낌없는 사랑을 주자

관계를 잘 맺는 아이들에게는 그럴 만한 이유가 있다. 성격이 좋고, 친구를 배려하며, 자기중심적으로 생각하지 않는다. 대부분 가정에서 배운 그대로 몸과 마음으로 익힌 것이다. 아이는 자신이 받은 만큼, 경험한 범위 내에서 사랑하기 때문이다.

특히 유의할 바가 있다. 사랑의 감정에 조건을 내세우는 행동은 피해야 한다. '만약 네가 이렇게 저렇게 하면 더 사랑해줄 텐데'와 같은 말로 조건을 다는 순간, 아이는 사랑보다 조건에 초점을 맞춘다. 사랑받기 위해선 이렇게 해야 한다는 생각에 익숙해지게 된다. 아이는 친구 관계에서도 동일하게 적용하려고 든다.

둘, 상처를 내는 말을 조심하자

아이의 잘못된 행동을 고쳐야 하는 것은 맞다. 그러나 아이 마음에 상처를 줘선 곤란하다. 비판이나 충고와 같은 말은 조심해서 사용해야 한다.

"너를 위해서 하는 말이야"로 시작하는 충고는 아이의 부족한 점을 지적하는 내용을 담고 있다. 부족한 점을 말하기 전에 좋은 점부터 먼저 말하라. 상처받지 않도록, 충격을 완화시켜 주는 방법이다.

부족한 점을 꼬집는 충고를 들은 아이는 자존심에 상처를 입고 좌절한다. 자신을 방어하기 위해서 반대 의견을 주장한다. 결국 감정 싸움으로 끝나기 쉽다.

부모의 충고와 지적, 비판을 많이 들은 아이는 친구 관계에서 그대로 돌려준다. 친구의 말을 비난하고, 지적하고, 충고하려 든다. 좋은 관계를 맺기 어려워지는 것이다.

아이를 위한 충고일지라도 그로 인해 아이의 마음에 상처를 입힌다면, 좋은 결정이 아니다. 충고는 쉽사리 잊고 마음의 상처만 깊이 기억하기 때문이다.

셋, 인정과 격려를 연습하자

상대방과 잘 지내기 위해서 필요한 것은 '인정'이다. 인정은 확실히 그렇다고 여기는 것, 격려는 용기나 의욕이 솟아나도록 북돋워 주는 것이다.

예를 들어보자. 아이가 매일 엄마를 도와 저녁 식탁을 차렸다. 엄마는 아이에게 말했다.

"매일 엄마 힘들까 봐 도와줘서 고마워. 친절한 너의 태도는 친구들도 좋아할 거야."

'도와줘서 고마워'는 인정이다. 엄마를 생각하고 배려하는 아이의 마음을 인정하고 그 도움에 고마움을 표현한 것이다. '친구들도 좋아할 거야'는 격려이다. 친구들 관계에서도 관심과 사랑을 받을 거라고 용기를 준 것이다. 격려는 동기부여가 되는 말이다. 용기를 주는 말, 뭔가를 하고 싶도록 힘을 주는 말이다. 인정과 격려를 듣고 자란 아이는 긍정적이다. 친구 관계에서도 긍정적인 모습을 보인다. 굳이 노력하지 않아도 친구들은 아이 곁으로 모여들기 마련이다.

넷, 부정적인 평가의 말을 삼가자

부모는 아이의 거울이다. 타인을 대하는 부모의 모습은 그대로 아이의 마음에 복사된다. 남을 헐뜯고, 부정적인 평가의 말을 하는 부모는 아이의 관계에 부정적인 영향을 끼친다.

운전을 하면 유독 민감해지는 사람들이 있다. 작은 실수도 용납하지 않고 험한 말을 쏟아낸다. 이를 지켜보며 자란 아이는 사람을 적대적으로 대한다.

친구 관계에서도 당연히 그렇게 행동한다. 작은 실수임에도 비난하고 용납하지 못하는 아이가 된다. 좋은 관계를 맺기 힘들어지는 것이다. 아이의 좋은 관계를 바란다면 부모가 먼저 용납하고 수용하고 배려하는 모습을 보여줘야 한다.

'성공하기를 바란다면 성공한 사람들 곁으로 가라'는 명언이 있다. 사람은 함께하는 사람의 태도를 닮는다. 인생도 그렇게 변해간다. 관계성이 좋은 아이로 키우고 싶다면, 먼저 가정을 '인'과 '예'를 갖춘 '어진 곳'으로 만들어야 한다. 부모가 예를 갖춰 아이를 대해야 한다. 이러한 경험이 아이가 사회에서도 예의 바른 관계를 맺게 할 것이다.

아이의 질문은 그들의 성장을 의미한다.

-존 J. 플롬프-

쳅터2. 관계의 씨앗 뿌리기

관계 형성을 위해 어떻게

준비할 것인가

애착 형성은 관계성의 토대가 된다

밖에서 놀기 어려운 날이 있다. 비가 오거나 날씨가 급격하게 덥거나 추울 때는 아이들과 종종 키즈카페나 실내 놀이터를 찾아간다.

실내 놀이터에서 새로 만나는 또래와 즐겁게 노는 아이들을 보면 '관계성이 좋은 아이로구나'라고 생각한다. 반면 친구들과 함께 놀지 못하고 혼자서 어쩔 줄 몰라 조용히 앉아 있는 아이도 있다. 관계성이 떨어지는 아이다.

영유아들의 관계성은 부모의 양육 태도에 영향을 받는다. 이런 관계성은 또래 집단에서 크고 작은 문제를 겪기도 하고, 성장하는 과정에서 여러 어려움에 직면하기도 한다.

모든 부모는 자녀가 관계성이 좋은 아이로 자라길 바란다. 아이가 어린이집이나 유치원에서 선생님이나 친구들과의 관계에 문제가 생길까 걱정한다. 현재의 관계성이 아이의 미래에 어떠한 영향을 미칠지 알고 있기 때문이다.

아이의 관계성을 파악하고 개선하기 위해선 애착에 주목해야 한다. 애착 상태에 의해 관계성이 결정되기 때문이다.

애착은 attach라는 단어에서 파생되어 '달라붙다, 접착하다'는 뜻을 가진 attachment로 표현한다. 심리학적 의미로 애착은 '부모와 아이와의 정서적 관계'이다. 애착은 일반적으로 안정형, 회피형, 집착형, 혼란형으로 구분한다.

아이의 애착은 부모와의 스킨십, 공감, 소통을 통해 형성된다. 부모와의 애착이 어떠한가에 따라 아이는 또래 친구들과 각기 다른 사회적 관계를 만들어 나간다.

애착은 어떻게 발달하는 걸까?

애착 이론의 대가 존 볼비의 이론을 통해 아이가 부모와 어떻게 애착 형성을 하는지 살펴보자.

생후 약 2개월 동안 영아는 애착 신호를 보인다. 울음이나 미소와 같은 애착 신호는 부모가 아닌 낯선 사람에게도 비슷한 수준으로 나타내는 단계이다.

생후 6개월이 지난 영아는 기어 다니기 시작하며 새로운 환경을 탐색하는 행동을 보인다. 이때 부모는 영아의 안전기지 역할을 한다. 낯가림이 시작되며 낯선 이에 대해 부정적 반응을 보인다. 부모와의 분리 불안이 눈에 띄게 드러난다.

2~3세 때 애착은 부모의 감정이나 동기를 이해하게 된다. 부모의

행동에 따라 자신의 애착 행동의 목표를 수정하는 능력도 생긴다.

애착 형성의 시기는 발달의 차이가 있지만 보편적으로 0~24개월이다. 이 시기에는 사회에서 다양한 관계를 맺고 유지하는 능력이 없기 때문에 부모와의 친밀도가 중요하다. 이때 쌓아진 친밀도의 정도로 부모와 아이의 애착 관계가 결정된다.

【존 볼비(John Bowlby:1707~1990)의 애착발달 단계】

1단계 (출생~8,12주)	2단계 (3개월~6,9개월)	3단계 (6-9개월~2,3세)
무분별적 사회적 반응단계	분별적 사회적 반응단계	애착 대상에 근접성 유지단계
아직 시각이 발달하지 않아 후각과 청각으로 사람을 구분한다.	친숙한 양육자와 낯선 사람에게 다르게 반응한다. 이 시기의 영아는 자신의 행동이 주위 사람의 행동에 영향을 미친다는 것을 알게 된다. 자신이 신호를 보내면 양육자가 반응해 줄 것이라는 신뢰감을 발달시킨다.	영아는 주 양육자에 대한 능동적인 접근과 접촉 추구 등의 애착 행동을 본격적으로 나타낸다. 또한 엄마와 떨어지면 분리 불안을 보임으로써 엄마에 대한 애착이 분명히 형성되었음을 보여준다.

부모와의 안정된 애착 관계를 형성하기 위해서는 어떻게 해야 할까?

첫째, 적극적으로 아이와 스킨십을 나누는 상호작용을 해야 한다

　같은 사람과 함께 지내면서 그 사람에게 자신의 요구가 적절하게 받아들여지는 경험이 필요하다. 따라서 부모는 아이가 보내는 신호를 올바르게 해석하고 이에 상응하는 반응을 보여주어야 한다.

　예를 들어, 영아가 울음으로 기저귀를 갈아달라고 신호를 보낸다. 그때 엄마는 기저귀를 갈아주며 아이와 스킨십과 상호작용을 해야 한다. 아이의 눈을 바라보며 이야기한다.

　"기저귀에 쉬를 해서 불편하구나. 엄마가 갈아줄게. 기저귀를 열어도 될까? 엉덩이를 들어볼까? 물티슈로 닦아주니 어때? 시원하지. 이제 깨끗한 기저귀로 바꿔줄게. 바꾸고 나니 기분이 좋지."

　아직 말을 시작하지 못하는 영아라도 눈을 바라보며 질문을 한다. 물론 엄마 혼자 주고받겠지만 말이다. 다정한 톤으로 지속적으로 말을 거는 것이 중요하다. 그리고 아이가 무언가를 시도할 때는 아이의 의도를 지지해준다. 아이가 자신의 의사를 표현할 수 있는 기회를 주어야 한다. 부모와의 대화는 영아의 언어 발달에도 큰 영향을 준다.

둘째, 꾸준하고 일관된 양육 태도와 반응을 보여주어야 한다

아이가 어떤 행동을 하면 바로바로 반응해주는 것이 좋다. 아이는 자신의 행동에 대한 부모의 반응으로 안정감과 동시에 만족감을 느끼게 된다.

아이는 자신이 원하는 것이 있을 때 부모에게 도움을 청한다. 부모는 아이의 요구를 들어주기도 하고 그렇지 않을 때도 있다. 아이의 요구에 대해서 부모는 일관성 있는 양육 태도를 지켜야 한다. 그렇지 않으면 아이가 혼란스러울 수 있다. 아이의 요구를 수용해 줄때와 거절할 때에는 아이에게 분명한 이유를 말해주어야 한다.

아이는 어리기 때문에 부모의 상황을 이해할 수 없다. 부모의 일관적이지 못한 반응을 받고 자란 아이는 부모를 불안정한 존재로 인식한다. 부모가 자신을 도와줄지 거절할지 불안해한다. 이런 아이는 커서 다른 사람의 눈치를 많이 본다. 사람들과의 관계에서도 항상 불안과 불편을 느낀다. 결국 안정적인 대인 관계 형성에 어려움을 겪게 될 수 있다.

셋째, 부모는 감정조절을 잘해야 한다

애착이 형성될 시기의 아이들은 부모의 감정과 행동에 민감한 반응을 한다. 부모가 평소에 감정을 어떻게 나타내느냐에 따라 아이가 올바른 정서를 가질 수도 있고 그렇지 않을 수도 있다.

엄마로부터 혼이 나는 아이의 마음은 직장 상사에게 비난받는 어른의 마음과 다를 것이 없다. 말의 내용보다 말의 느낌이 더 중요하다. 아이에게 아무리 도움이 되는 말이라도 전달될 때 비난이나 짜증이 섞여 있다면 아이에겐 상처로 남게 된다.

넷째, 간섭하지 않고 관심으로 대한다

아이에게 도움이 되는 말과 행동도 자주 하면 간섭이 된다. 아이 입장에서 필요하다고 느끼면 관심으로 받아들인다. 그러나 불필요하다고 판단하면 간섭이다. 아이에게 도움이 되고 싶은가. 아이가 요구할 때 반응해 줘야 한다. 그래야 간섭이 아닌 관심이 된다.

아이가 기어서 여기저기 탐색하는 과정에 부모가 번쩍 들어 올리는 것도 간섭이다. 아이가 원하는 것은 스스로 기어 다니는 것이다. 엄마의 힘으로 자신의 의지가 좌절되었기에 간섭이 되는 셈이다.

아이는 정신없이 주변을 탐색하다가도 멈추고 엄마를 찾는다. 그때 엄마는 그 자리를 벗어나면 안 된다. 아이는 불안함을 느껴 주변을 제대로 탐험을 할 수 없기 때문이다. 아이는 자신이 탐험한 내용에 부모가 관심으로 호응해주고 설명해 줄 때, 자부심을 느끼고 세상에 대해 열린 마음을 가지게 된다.

다섯째, 아이가 좋아하는 놀이로 친밀감을 키워준다

발달 단계에 맞는, 아이가 좋아하는 놀이를 함께 해주는 것이다. 이때 부모가 놀이를 통한 학습 내용을 제시하는 것은 바람직하지 않다. 아이가 주도적으로 이끌 수 있는 놀이 정도로 충분하다.

애착 놀이

애착 놀이 몇 가지를 소개한다.

▶양육 놀이 – 로션 바르기, 밴드 붙여주기

친밀하게 신체 접촉을 하면서 사랑과 격려의 말을 나누는 것이다.

▶개입 놀이 – 까꿍 놀이, 거울 보기, 말타기, 비누방울

부모가 마주해서 함께 놀아주는 놀이다.

▶도전 놀이 – 점토 놀이

아이에게 용기를 주는 놀이다. 지시하지 말고 점토로 아이가 뜻대로 만들어 보게 한다.

부모와의 친밀한 관계 속에서 아이의 애착은 안정적으로 자리를 잡는다.

안정형 애착으로 자라난 아이는 정서적 안정감을 갖게 된다. 정서적 안정감은 자존감이 높은 아이로 자라게 한다. 부모 외에 또 다른 사람을 신뢰할 수 있는 기초로, 올바른 대인 관계를 맺을 수 있는 힘이 된다. 이를 바탕으로 또래 관계에서 어려움을 스스로 헤쳐 나갈 수 있다. 이처럼 안정형 애착은 관계성의 토대가 된다.

관계가 좋은 아이를 원한다면, 영유아기의 애착에 주목해야 한다.

좋은 관계의 시작, 공감 능력

"선생님, 갈수록 아이들이 제 이야기를 안 들어요. 귀를 닫아 버린 듯해요. 어디서부터 잘못되었을까요?"

어린이집 6세반 담임교사의 하소연이었다. 오늘 일어난 일 때문에 마음이 몹시 상한 모양이었다.

한 아이가 친구를 밀어 넘어뜨렸다. 친구는 아프다며 우는데, 아이는 미안하다는 말 한마디 없이 제자리로 돌아갔다. 그런 아이를 붙잡고 타일러도 내내 모른 척이었다.

6세 유아 한 명의 문제는 아니다. 요즘 많은 아이들이 친구와 눈을 맞추며 이야기를 하지 않는다. 눈을 맞출 마음조차 없어 보인다. 관계가 서툰 정도를 넘어선 느낌이다.

갈등과 다툼이 생기면 그냥 교사를 부른다. 서로의 마음과 생각을 물어보고 이해하기 전에 해결사부터 찾는다. 이런 상황에 익숙해진 탓일까, 교사도 편하고 쉬운 방법으로 상황을 정리해 버리고 만다.

안타깝게도 머지않아 같은 상황이 반복적으로 일어난다.

키즈카페에서도 종종 아이들의 다툼에 어른이 개입하는 모습이 보인다.

유아들의 다툼이 생기면 엄마는 번개처럼 달려간다. 사소한 갈등에도 어김없이 끼어들어 해결사 노릇을 한다.

"얘, 그렇게 하면 안 돼!"

"친구를 아프게 하면 안 되는 거야. 사과해."

"친구가 사과했으니까 얼른 괜찮다고 말해."

"자, 이제 둘이 서로 안아줘."

이렇게 아이들의 상황을 정리한 후 엄마는 빠르게 퇴장한다.

무엇이 문제일까? 어른이 아이의 공감 기회를 빼앗은 것이다. 공감을 통한 관계의 기술을 차단해 버린 꼴이다.

왜 상대가 그런 행동을 했는지, 묻기 전에는 알 수 없다. 짐작할 수는 있어도 정확한 상대의 마음은 아니다. 직접 묻고 들어봐야 상대의 마음을 확인할 수 있다. 그래야 이해할 수 있고, 공감할 수 있는 법이다.

'공감이란 물어보는 것이다. 상대의 마음을 알 때까지 계속, 내가 이해될 때까지 계속 물어보는 것이다.'

정혜신작가는 《당신이 옳다》라는 책에서 공감을 이렇게 정의했다.

공감은 다른 사람의 상황과 기분을 느끼는 것이다. 상대의 상황과 기분에 내 감정이 이입되어 정서적 반응을 일으키는 것이다.

영화를 보다가 나도 모르게 눈물을 흘리는 것은 '아~ 아프겠다. 힘들겠다. 슬프겠다'라는 식의 공감을 했기 때문이다. 그러나 누구는 동일한 장면일지라도 데면데면하게 반응한다. 이는 사람마다 공감의 정도가 다르기 때문이다.

아이들의 공감 능력은 외부적 영향으로 생겨난다

공감 능력은 상대방의 마음과 감정을 받아들이는 정서 반응의 정도이다. 공감 능력은 기질과 성향에 의해 차이를 보인다. 그러나 선천적 요인보다 성장하면서 외부의 영향을 받고, 배우고, 훈련받은 결과이다.

아이에게도 공감 능력이 있다. 그동안 학습을 통한 공감이 내재된 결과이다.

예컨대 유아기의 아이는 곰인형을 등에 업고 아기를 재운다고 토닥이는 모습을 보인다. 혹은 장난감 자동차에게 말을 걸며 친구처럼 이야기를 한다.

이러한 가상의 놀이 과정에서 아이는 누군가에게, 특히 부모에게 보고 익힌 공감을 따라하며 내 것으로 만든다. 점차 물건에서 사람으로 공감의 폭을 확대시킨다.

본격적으로 공감이 확대되는 시기는 또래 친구를 만나면서부터이다. 놀이 과정에서 반복했던 공감을 직접 친구에게 실천해 본다.

아이는 말과 행동으로 공감했던 바를 드러낸다. 이때, 어른이 먼저 나서 아이를 제지한다면 어떻게 될까. 아이는 자신의 공감을 표현할 기회를 잃는다. 직접 표현하며 상대의 반응에 따라 재차 공감해봐야 하건만, 부모의 제지로 그 과정 자체가 사라지고 만다.

공감의 기회를 상실한 아이는 어떤 모습을 보일까?

첫째, 자신의 감정을 차단하게 된다.

공감은 느낀 바를 드러내 표현하는 것이다. 하지만 부모의 제지로 공감 표현 자체를 잘못된 것으로 인식하게 된다. 결국 냉정한 아이, 감정이 메마른 아이로 성장하고 만다.

둘째, 타인에 대한 관심을 끊는다.

공감은 타인에 대한 정서적 반응이다. 부모의 반복된 차단은 타인에 대한 흥미를 잃게 만든다. 사람은 타인이라는 거울을 통해 자신의 모습을 보기 마련이다. 그러나 부모의 반복된 차단으로 타인에 대한 관심을 포기한다. 당연히 타인이라는 거울이 없는, 나만의 세계 속으로 빠져들게 된다. 결국 자신만을 생각하는 이기적인 아이가 된다.

공감 능력이 관계에 절대적인 역할을 한다

공감 기회를 많이 가진 아이, 공감 기회가 번번이 차단된 아이.

두 아이의 극명한 차이는 관계성에서 드러난다. 공감이 관계에 절대적인 역할을 하기 때문이다.

아이는 공감할 기회를 통해 공감 능력을 발전시킨다. 공감 능력이 좋은 아이는 상대의 감정을 잘 파악한다. 얼마나 기쁜지, 얼마나 슬픈지 직감적으로 알아차린다. 거기에 그치지 않는다. 상대의 감정에 맞춰 적절하게 반응한다. 이런 아이의 친구 관계가 어떠할지는 쉽사리 짐작할 수 있다.

'친구는 내 슬픔을 자신의 어깨에 지고 가는 사람.'

아메리카 인디언의 속담으로, 내 마음을 공감해 주는 사람이 친구라는 뜻이다.

학교폭력이 심각하다는 뉴스를 종종 보게 된다. 왕따 문제로 스스로 목숨을 끊는 일도 종종 발생한다. 공감의 부재에서 나타나는 현상이다. 공감 능력을 발전시킬 기회를 빼앗긴 결과이다.

공감 능력이 있는 아이는 누군가 괴롭힘을 받을 때 얼마나 힘들고 아플지 그 마음을 느낄 수 있다. 공감 능력이 커지면 자연스럽게 공격 행동이 감소한다. 더불어 상대의 고통을 해결하기 위해 노력한다.

왕따를 주도한 가해자 대부분은 공감 능력이 낮다. 괴롭힘을 당하는 아이의 마음을 느끼지 못한다. 타인의 고통에 둔감하고, 심지어 즐기기까지 한다. 공감해 본 경험이 없기 때문이다. 부모로부터 공감의 기회를 제지당한 채 성장한 결과인 셈이다.

부모에게 공감받으며 자란 아이는 친구의 마음을 읽고 이해할 줄 안다. 자신의 마음을 이해받아 본 경험으로 공감 능력을 키웠기 때문이다. 친구들의 말을 잘 들어줘 갈등 상황이 생겨도 원활히 해결할 줄 아는, 리더십이 뛰어난 아이가 된다. 또 칭찬이나 인정을 받고 싶은 욕구가 커지게 되어 무엇이든 열심히 한다. 과제 수행 능력이나 학업 성취에도 좋은 영향을 미친다.

반대로 부모에게 공감받지 못한 아이는 어떨까?

선뜻 타인과 관계를 맺으려 들지 않는다. 자주 소외감을 느낀다. 특히 만 3세 이전에는 공감받지 못한 경험이 수치심과 죄책감으로 연결되기도 한다. 그래서 부모뿐만 아이라 다른 사람들에게 불안과 불신이 커진다. 자신의 마음과 감정을 공감받지 못한 경험 때문에 사회에 적응하기가 어려워진다.

관계를 위한 공감 능력의 시작은 경청에서 출발한다

경청은 귀로 듣는 것이 아니라 마음으로 듣는 것이다. 아이의 말을 듣고 판단하고 가르쳐 주는 것이 아니다. 가슴으로 듣고 아이의 마음을 읽는 것이다.

아이의 이야기를 들으면 부모는 상황을 추측한다. 이야기를 끝까지 듣기도 전에 섣부른 충고부터 하는 경우가 많다.

아이의 말을 경청하는 것은 아이의 말을 그대로 받아들여 주는 것이다. 경청의 첫걸음은 아이의 말을 그대로 따라 해 주는 것이다.

예를 들어 아이가 "엄마, 준혁이가 자꾸 놀려서 화가 나요"라고 한다면, 경청은 "준혁이가 자꾸 놀려서 화가 났구나"로 있는 그대로 받아들여 주는 것이다.

경청의 다음 단계는 아이의 마음을 읽어 줘야 한다.

아이가 엄마에게 속상한 일을 말하는 이유는 무엇일까? 대부분 '나 속상해요. 위로가 필요해요'라는 신호이다. 그런데 아이의 마음을 공감해 주지 않은 채 충고하기 바쁜 부모들이 종종 있다. 아이의 마음보다 상황을 해결해야 한다는 어른들의 섣부른 판단 때문이다. 아이가 이야기를 통해 엄마에게 원하는 것이 무엇일까를 먼저 생각해야 한다.

"속상했구나. 그래서 마음이 아팠구나. 울고 싶었겠다. 그리고 친구가 미웠겠구나."

아이의 감정을 알아주는 것이 공감이다.

경청과 마음 읽기를 통한 공감은 아이에게 어떠한 영향을 미칠까?

엄마에게 이야기하기를 잘했다고 생각할 것이다. 자신의 속마음을 알아준 것만으로도 진정한 위로가 되었을 것이다.

부모가 아이에게 해 줘야 할 진정한 공감은 분명하다. 평가하고 가르치는 것이 아니다. 들어주고 마음을 읽어 주는 것이다.

공감은 상대방의 마음을 알고 헤아려주는 것부터 시작된다. 아이의 감정을 읽어 주고, 그 마음을 알아줘야 했다. 그때 아이는 엄마가 자신을 진정으로 사랑한다고 느낀다.

공감을 받아본 아이들은 공감하는 능력이 생기기 마련이다. 영유아기 시절, 엄마가 자신의 마음을 읽어 주는 것을 경험해 본 아이들은 부모와 신뢰감이 형성된다. 그리고 장차 세상에 나가서도 다른 사람들을 신뢰하고 공감하고 배려하는 관계를 형성할 수 있다.

공감 능력은 배려심을 키워준다.

다른 사람에게 공감하게 되면 느낀 것을 행동으로 표현하게 된다. 바로 배려이다. '나'라는 관점에서 '너'라는 상대의 관점을 이해하려고 하는 것이다. 생각이 깊어지고 행동이 성숙해진다. 아이의 정서적인 안정감도 도와주게 된다.

이처럼 공감 능력은 관계를 맺는 데 매우 중요한 요소이다.

친구의 마음을 알아주지 못하면 정서적인 일치감을 느낄 수 없다. 당연히 좋은 관계로 이어지지 않는다.

유아기의 공감 능력은 아이의 감정에 반응해주는 부모에 의해 좌우된다. 공감 능력을 길러줌으로 아이의 관계성을 높여주라.

자기표현력이 좋은 아이가 관계도 좋다

다른 사람에게 도움을 받았을 때 '고맙습니다', 남에게 실수했을 때 '미안합니다', 부당한 대우를 당했을 때 '사실과 달라요, 억울합니다'라고 표현한다.

이러한 표현은 쉽고 당연한 것처럼 보인다. 그러나 자신의 감정을 솔직하게 표현하지 못하는 경우가 많다. 특히 아이에게는 더더욱.

'말하지 않아도 알아요'라는 광고 문구가 한때 유행했다. 굳이 말이 필요 없는, 느낌만으로 충분하다는 의미였다. 말하지 않아도 안다는 것은 추측이다. 객관적 사실이 아닌 주관적 느낌이며, 정확하지 않으므로 오해와 왜곡이 생길 수 있다.

대인 관계에서 사람들은 내가 보내는 신호를 기준으로 나를 읽어낸다. 여기서 신호란 나를 표현하는 것이다. 내가 나를 어떻게 표현하는가에 따라 관계는 영향을 받는다.

자신의 감정을 잘 표현하는 것, 바로 '자기표현력'은 다른 사람과 소통의 출발이다.

좋은 관계를 위해서는 다른 사람을 이해하는 능력이 필요하다. 그러나 그에 못지않게 나를 표현하는 것도 중요하다. 나는 타인을, 타인은 나를 정확히 파악하고 있어야 한다.

나를 제대로 표현해야 관계를 가로막는 오해와 불신을 걷어낼 수 있다. 그러므로 관계성이 좋다는 것은 그만큼 자기표현력이 높다는 의미이다.

'자기표현력'은, 나의 마음을 표현하는 것이다

자기표현력은 나의 감정과 생각을 상대가 잘 이해할 수 있도록 전달하는 능력이다.

자기표현력이 좋다는 기준으로 흔히 말을 잘하는 아이를 꼽는다. 혹은 감성이 풍부해 자신의 느낌을 상세히 묘사하는 아이를 그렇게 일컫기도 한다. 그렇지는 않다. 말을 잘한다거나 감정이 풍부하다고 하여 자기표현력이 좋다고 할 수 없다.

자기표현력이 좋은 아이는 어떤 아이일까?

은지와 가희는 친구의 집에 놀러갔다. 둘은 인형 놀이를 하고 싶었다. 그래서 친구에게 물었다.

은지: 저 인형 갖고 놀아도 돼?
가희: 저거 만지면 안 되지?

둘은 같은 마음을 달리 표현했다.

은지는 자신의 마음 상태를 정확히 표현했다. 자기의 욕구를 그대로 드러낸, 자기표현력이 좋은 아이다. 반면 가희는 자신의 진짜 마음을 숨겼다. 만약 친구가 "갖고 놀래?" 하고 되물었다면 "아니"라고 재차 마음을 숨겼을 것이다. 가희는 자기표현력이 약한 아이다.

가희는 왜 자기 마음을 표현하지 못할까. 거절당할지도 모른다는 두려움 때문이다. 욕구가 제대로 해소된 경험이 없기에, 아예 자기 마음을 솔직히 내보이고 싶어 하지 않는다. 좌절감을 겪지 않기 위해 관계에 있어서도 소극적으로 바뀐다.

자기표현력이 부족한 아이는 스스로 의사소통을 잘할 수 없다고 여긴다. 또래 관계에서 위축된 모습을 보인다. 위축된 상태가 지속되면서 분노가 쌓인다. 그래서 갑자기 화를 내거나 물건을 던지는 등 공격적인 성향이 나타내기도 한다.

반면 자기표현력이 높은 아이는 자신의 생각, 욕구, 감정 등을 잘 전달한다. 자신에게 필요한 상황에서 상대방을 설득할 수도 있다. 도움을 요청하는 것을 어렵게 여기지 않는다.

자기표현력, 어떻게 키워줄 수 있을까?

생후 1~2개월의 아기들에겐 울음이 모든 감정을 표현하는 방식이다. 생후 3~4개월이 지나면서 옹알이를 시작한다. 부모는 아기와 눈을 맞추고 감정을 나누고 의사소통을 하려고 노력한다.

생후 3~4개월 아이의 옹알이에 화답하는 것을 가벼이 넘겨선 안된다. 자기표현력을 키워줄 시기가 시작된 까닭이다.

아이가 옹알이를 하면 부모는 알아듣는다는 듯이 이렇게 맞장구를 친다.

"그랬어요? 기분이 좋았구나. 엄마도 기분이 좋아."

그럼 아이는 신기하게도 엄마의 말을 알아듣기라도 하듯 옹알이를 멈춘다. 엄마의 말이 끝나면 다시 옹알이를 시작한다. 이런 식으로 엄마가 아이의 서툰 표현에 반응해 주면 아이의 언어와 자기표현력이 자연스럽게 발달한다.

아이가 걷기 시작하고 자신의 의사 전달도 활발해질 때, 엄마는 상황을 적극적으로 설명할 필요가 있다.

"목이 마르구나. 물을 마실까? 여기 물이 있어, 물!"

이렇게 상황을 적극적으로 설명하는 것이 아이의 자기표현력 발달에 도움이 된다.

아이의 감정을 잘 듣는 부모가 아이의 자기표현력을 키운다

아이들은 자신의 생각이나 감정을 정리하여 이야기하는 데 서툴다. 특정 상황에 필요한 행동이나 말을 적합하게 표현하는 것을 어려워한다. 그래서 부모나 교사, 또래 아이들과의 관계에서 소통의 어려움을 겪기도 한다.

이때 아이의 서툰 표현을 문장으로 완성시켜 준다. 지지와 격려로 아이의 표현에 자신감을 넣어 준다. 잘 정리된 문장으로 표현하면 소통이 잘된다는 점을 아이가 경험하게 한다. 이러한 표현의 경험이 자신감, 자존감을 쑥쑥 키운다.

유아기 아이들은 아직 언어 발달이 미흡하기 때문에 부모에게 행동, 태도, 눈빛, 목소리 등으로 의사를 표현한다.

울고 있는 아이가 있다고 하자. 아이의 감정에 무관심한 부모는 아이를 윽박지른다.

"도대체 왜 울고 그래? 말을 해야 알 거 아니야, 말을 해."

반대로 아이의 감정을 잘 읽는 부모는 다르게 반응한다.

"네 마음이 슬펐구나. 저게 하고 싶었구나. 하지만 엄마가 지금은 해줄 수 없네."

이런 식으로 아이의 감정을 인정하는 말을 한다. 실제 아이가 원하는 걸 해주지 않아도 아이의 감정은 해소가 된다. 이렇게 아이의 감정을 잘 듣는 부모가 아이의 자기표현력을 키운다.

감정 언어는 자기표현력에 도움이 된다. 아이에게 자신의 마음을 표현할 수 있는 감정 언어를 알려줘야 한다.

기뻐, 행복해, 슬퍼, 속상해, 놀라워 등등.

이런 감정 언어를 단순히 알려주는 것은 효과가 적다. 부모가 상황에 맞는 표현, 즉 표현어를 사용할 때 잘 전달이 된다.

"창피해서 화가 났구나."

"넘어져서 부끄러웠구나."

이런 식으로 상황과 연관된 감정 언어로 표현하는 것이 바람직하다. 아이는 상황에 따른 자신의 감정과 부모가 말하는 표현어를 연관 짓는다. 또한 그대로 표현어를 학습해 자기표현력을 확대시킨다.

마음껏 자기표현할 수 있는 환경을 제공하라

아이가 생각하고 있는 것을 완벽한 문장이 아니라 간단한 단어로 표현해도 된다. 그림으로 먼저 그려보고 자신의 생각을 자유롭게 나열할 수 있도록 한다. 머릿속 생각을 눈에 보이게 구체화시켜 그림으로 표현하게 하는 것이다.

그림을 그린 후 아이와 충분한 대화를 나눈다. 표현된 그림을 보고 아이와 대화를 주고받는다. 그림을 보며 아이가 어떤 생각을 하는지 스스로 말해보게 한다.

충분한 대화를 통해 아이는 자신이 진짜 말하고 싶은 것이 무엇인지 알게 된다. 이때 부모는 아이와 나누었던 말들 중 중요한 내용을 가지고 한 문장으로 함께 정리해 보는 것이다. 자신이 이야기한 내용을 정리하여 스스로 다시 표현하는 과정을 거치면, 아이는 다른 사람과 소통하는 표현 능력이 좋아지게 된다.

자기표현력을 높이기 위해 놓치지 말아야 할 것이 있다. 아이가 표현과 행동을 자유롭게 할 수 있는 분위기를 만들어 준다. 자신의 표현이 문제가 되어 다른 사람과의 소통에 실패를 경험한 아이들은 두려움을 갖는다. 자신의 생각이나 느낌을 표현하는 것을 주저한다.

나쁜 경험을 역전시킬 좋은 경험을 맛보아야 한다. 아이가 부모 앞에서 자유롭게 표현할 수 있도록 분위기를 만들어 줄 필요가 있다. 좋은 경험은 자기표현력을 높여주는 지름길이다.

아이들은 부모의 말을 듣고 자라난다. 아이의 자기표현력에 가장 큰 영향은 부모의 자기표현력이다.

부모가 자기표현력이 좋으면 아이에게 그대로 학습된다. 그러기 위해선 특별한 노하우를 터득하기보다 부모 스스로 자기표현력을 점검해 보는 것이 더 중요하다.

【자기표현력 점검을 위한 질문 리스트】

☐ 나는 나의 감정과 생각, 욕구를 타인에게 어떻게 표현하는가?

☐ 괜찮아, 별일 아니야 등 뭉뚱그린 감정 표현을 얼마나 자주 하는가?

☐ 좋다, 행복하다. 신난다 등 긍정적인 감정을 잘 표현하는가?

☐ 평소 긍정적인 감정보다 부정적인 감정을 더 자주 표현하는가?

☐ 남 탓을 많이 하는가?

☐ 순간의 감정을 구체적으로 표현할 수 있는가?

자기표현력은 자신의 감정이 무엇인지 들여다보고, 생각과 욕구를 정확히 표현하는 연습을 통해 좋아진다. 부모가 자신의 감정과 욕구를 알고 표현할 수 있어야 한다. 그래야 아이의 감정과 욕구도 알아줄 수 있다.

아이는 부모로부터 감정을 이해받고 표현하는 과정을 통해 자기표현력이 높아진다.

정확한 자기표현을 통해 의사소통이 원활하게 이루어질 때, 관계성이 향상된다.

좋은 관계에 필요한 인성, 이타심

사회성은 타인과의 긍정적인 상호작용을 통해 만들어진다.

아이들이 갈등을 빚는 원인 중 하나가 자기중심적인 사고에서 비롯되는 경우가 많다. 원래 아이들은 자기중심적이라고 하지만 유달리 심한 아이가 있다.

다른 사람에게 좀처럼 양보할 줄 모르는 아이, 자기 것은 누구에게도 뺏기기 싫어하면서 남의 것은 다 가지려는 아이, '이렇게 자라다가는 다른 사람들과 어울리기 어렵겠다'는 걱정이 드는 아이가 있다.

자기가 제일 좋은 것을 가져야 하고, 무엇이든 본인의 입장에서만 생각하는 나이가 바로 유아기이다. 자기중심성은 만 2세~5세 사이의 유아기 아이들에게 나타나는 특징 중 하나이다. 하지만 어린 시절 부모가 무조건 다 들어주는 습관에서 벗어나지 못하면 아이는 이기적인 성향이 강한 아이로 자라게 된다.

이기적인 아이들의 특징을 살펴보면 다음과 같다.

하나, 무엇이든지 자기 마음대로 하려고 한다.

둘, 매사에 주목받으려고 하고, 늘 선생님 옆에 앉으려고 친구들과 다툰다.

셋, 다른 사람은 전혀 신경 쓰지 않고 자신의 욕구만 충족시키려고 하거나 자신의 권리만 주장한다.

넷, 다른 사람을 배려하는 마음이 없다.

다섯, 무조건 자기가 먼저 하려고 한다.

여섯, 남의 물건이라도 마음에 들면 상대방 의사와 상관없이 가지려 한다.

이기적 성향의 아이는 타인을 이해하는 능력이 부족하다. 이런 성향으로 인해 친구들과 다투는 일이 잦다. 갈등이 깊어져 따돌림을 당하는 경우도 생긴다. 그러다 보니 스트레스를 받고, 문제 행동으로 발전된다. 물론 대인 관계에도 좋지 않은 영향을 끼친다.

대인 관계에 꼭 필요한 인성, 이타심

이기적 성향이 강한 아이에게 필요한 것은 무엇일까?

이기심의 반대인 이타심이다. 이타심은 '조건 없이 다른 사람을 위하는 마음'으로 표현할 수 있다. 아이로 하여금 이타심의 의미와 가치도 가르쳐야 한다. 이타심을 발휘해 다른 사람을 통해 얻는 행복을 맛보게 해줘야 한다.

아무리 뛰어난 사람이라 할지라도 타인과 관계를 원만하게 이루며 살아갈 때 진정한 행복을 느낄 수 있다. 아이도 마찬가지이다. 친구 관계에서 성공해야 즐거운 유치원 생활, 행복한 학교생활을 누릴 수 있는 것이다. 유치원이, 학교가 즐거워야 학습도 효과를 보고 성과를 낸다.

결국 공부보다 중요한 것은 아이들의 관계인 것이다. 좋은 관계를 맺는 능력이 있어야 아이를 둘러싼 사회 환경에서 성공하게 된다.

관계 속에서 더불어 살아가는 능력은 인성과 올바른 가치관에서 나온다.

대인 관계에 꼭 필요한 인성이 곧 이타심이다. 이타심을 가진 아이는 대인 관계에서 문제가 잘 발생하지 않는다.

사람의 본성에는 누구나 이타심이 있다. 아이가 자신의 손에 있는 음식을 엄마의 입에 넣어주는 모습부터 울고 있는 또래 친구에게 다가가 안아 주는 마음, 바닥에 떨어진 물건을 주워 건네주는 행동 등은 어릴 적부터 갖는 이타심의 한 예이다.

그러므로 이타심은 없는 것을 새로이 찾아내는, 무에서 유를 창조하는 것이 아니다. 이미 본성에 깃든 이타심을 확대 발전시키는 가치이다.

이타심이 강한 아이는 다른 사람의 감정을 잘 파악하고 생각해준다. 적극적이며 사교성도 좋다. 당연히 또래 아이들에게 인기가 많다.

이타심은 대인 관계에 호감도를 높인다. 이를 위하여 부모의 역할이 중요하다. 부모가 아이를 대하는 정서적인 반응이 이타심에 큰 영향을 끼치기 때문이다.

이타심 길러주는 부모의 역할

아이의 이타적인 행동을 키우기 위한 부모의 역할은 다음과 같다.

첫째, 사랑이 넘치고 따뜻한 가족 분위기를 조성한다.

가족 간에 따뜻하고 온화한 분위기는 아이에게 다른 사람을 배려할 수 있는 여유를 만들어 준다. 가족들과 놀이를 통해 이타심을 길러 줄 수 있다.

둘째, 좋은 행동, 남을 돕는 자선 활동에 관심을 갖도록 부모 자신이 모델이 된다.

부모와 많은 시간을 보내면서 아이들은 부모를 모델링한다. 부모의 행동거지 하나하나를 닮는다. 타인을 배려하는 부모의 태도, 친구를 도와야 하는 순간 등을 마음속에 저장하고 배워 나간다. 그렇기 때문에 아이 앞에서 부모의 이타적인 행동은 매우 중요하다. 말로만 가르치는 것이 아닌, 부모의 실천하는 모습을 보이는 것이 효과적이다.

셋째, 이타적인 행동에 대해 칭찬해 준다.

아이가 자신의 물건을 나누어 주거나 어려운 처지의 사람을 돕는 행동을 했을 때, 당연한 듯 반응하지 말아야 한다. 큰 소리로 칭찬해 준다. 구체적으로 어떤 부분을 잘했다고 확인시켜 준다. 예를 들면 "쉽지 않을 텐데 이렇게 나누어주는 너의 모습이 너무 자랑스러워"라고 인정할 때 아이는 비슷한 행동을 할 동기부여가 된다.

좋은 행동을 칭찬해 주면 아이의 행동은 강화된다. 남을 배려하고, 양보하고, 도움을 주는 등의 행동을 통해 아이의 이타심이 길러진다. 이때 "착한 일을 했으니 엄마가 나중에 선물 사줄게"라는 식의 물질적인 보상은 피하는 게 좋다. 아이는 이타심보다 보상에 집중하게 된다. 부모가 나누어주는 행동을 알아주고 인정해 주는 자체가 아이에게는 큰 성취감이다.

넷째, 평소 아이에게 다른 사람과 입장을 바꾸어 생각해 보도록 질문한다.

이타심은 다른 사람의 감정과 생각을 이해하고 받아들이는 행위이다. 따라서 자기중심적 사고에서 벗어날 훈련이 필요하다. 다른 사람은 나와 다르게 생각할 수 있다는 점을 자주 이야기해 준다. 아이에게 친구의 입장이 되어, 형제자매 또는 부모의 입장이 되어 생각해 보게 하는 것이다.

"친구의 기분은 어떨까?"

"네가 친구의 입장이라면 어떻게 해줬으면 좋을까?"

이런 식의 물음을 통해 다른 사람의 마음과 상황을 생각해 볼 수 있는 기회를 갖게 한다.

아이와 함께 그림책을 읽을 때, 단순히 스토리를 쫓아가기보다 등장인물들의 마음과 생각을 유추해보는 연습을 한다. 이 역시 이타심을 길러주는 좋은 방법이다.

아이의 이타심에 대해 부모는 긴 안목으로 지켜볼 필요가 있다.

'자기 것도 못 챙기는 아이'가 아니라 친구를 위해 '자기 것을 양보할 줄 아이'로 받아들여야 한다. 결국 관계는 사랑과 흡사하다. 사랑은 배푼 분량에 걸맞게, 혹은 그 이상으로 되돌아오는 법이다.

아이가 살아갈 시간은 길고, 세상은 넓다. 이타심은 좋은 관계성을 위해 매우 중요하다. 그 효과가 당장 드러나지 않을 뿐 장차 거대한 영향력을 미치게 된다.

아이의 좋은 관계를 원한다면 감사를 연습시켜라

'사람의 가치는 오직 타인과의 관계에 의해 측정될 수 있다.'

철학자 니체의 말이다. 관계에 의해 그 사람의 존재 가치를 평가할 수 있다는 의미이다. 배움의 정도, 경제적 위치보다 관계성이 절대적 기준이라는 것이다.

지나친 단정일까? 철학자 키에르케고르의 말에 귀 기울여보자.

'행복의 90퍼센트는 인간관계에 달려 있다.'

우리는 관계를 통해 행복감을 느낀다.

관계를 통해 자신을 가치 있는 존재로 인식한다. 따라서 인간관계가 좋은 사람은 행복지수와 자존감이 높아진다. 매사를 긍정적으로 바라본다.

반면 인간관계가 좋지 않은 사람은 자신을 부정적인 존재로 평가한다. 행복감을 느끼는 정도 역시 떨어진다. 학업이나 직업에 대한 만족도는 물론 성취도 역시 낮다.

인간관계가 좋지 않은 사람들의 특징은 불평과 불만이 많다. 다른 사람에 대한 평가도 부정적이다. 상대방에게 부정적인 말을 할 때, 그 말은 부메랑이 되어 자신의 존재까지 부정적으로 바꿔버린다. 설사 좋은 의도일지라도 부정적인 말투로 인해 서로 감정의 골이 깊어지고, 결국 관계마저 틀어진다.

인간관계가 서툰 사람들은 긍정적인 표현에도 서툴다. 특히 감사에 대해 표현하는 걸 어려워한다.

감사할 줄 아는 아이는 어디서나 호감도가 높다

상대방이 호의를 베풀었다면 마땅히 감사를 표현해야 옳다. 하지만 관계에 서툴면 마음속으로만 생각할 뿐이다. 그럼에도 상대가 자신의 감사를 충분히 받아주리라 기대한다. 이러한 상태가 반복되면 관계가 좋아질 가능성은 사라진다. 거리감이 생기면 심지어 적대적 감정을 품게 된다.

감사란 무엇일까? 단순히 고마움을 표현하는 것은 아니다. 다른 사람이 나에게 어떤 도움이 되었는지 인정하는 것이다. 나에게 도움을 준 사람에게 감사한 일을 바로 표현하는 것, 내가 가진 것에 만족하고 받은 것을 소중하게 여기는 것이 감사이다. 아이의 관계성을 높여주려면, 감사의 태도부터 가르쳐야 한다.

"요즘 아이들은 감사할 줄을 몰라요."

교육 현장에서 자주 듣는 말이다. 친구의 도움을, 교사의 수고와 노력을, 풍요로움과 안락함을 제공하는 부모의 헌신을 당연하게 여긴다고 한탄한다.

감사를 잃어버린 것일까, 감사를 가르치지 않은 탓일까? 어느 쪽이든 아이의 관계성에 좋지 않은 영향을 끼친다.

'고마워 할 줄 모르는 아이는 뱀의 이빨보다 더 날카롭다.'

셰익스피어의 명언처럼 감사가 없는 아이는 자신은 물론 타인에게까지 상처를 준다. 따라서 감사는 유아기부터 성장하는 내내 이루어져야 할 인성 덕목이다.

어른을 만나면 생글생글 웃으며 작은 일에도 "감사합니다"라고 말할 줄 아는 아이는 어디서나 인기가 많다. 감사에는 사람에게 사랑받게 하는 힘이 담겨 있기 때문이다. 결국, 감사를 잘 표현하는 아이는 어른들과의 관계뿐만 아니라 또래 아이들에게도 호감도가 높다.

감사가 습관으로 익숙하게 흘러나오게 하라

감사의 마음을 말로 표현하는 건 어렵다. 하루아침에 이루어지지 않는다. 따라서 감사는 매일매일을 연습해야 하는 것이다. 감사는 습관이기 때문이다. 몸에 밴 버릇처럼 익숙하게 흘러나와야 한다.

긍정적인 관계에 힘을 더하는 '감사하는 아이'로 자라게 하려면 어떻게 할까?

첫째, 감사할 줄 아는 부모가 감사하는 아이를 만든다

감사의 태도를 강요하면서 정작 부모 자신은 감사하는 모습을 보이지 않는다면, 아이는 혼란스러울 것이다. 부모부터 매일 서로 감사하는 모습을 보여주어야 한다. 아이에게도 먼저 감사하다는 말을 자주 들려주어야 한다. 그렇게 되면 아이는 생활 속에서 자연스럽게 엄마 아빠의 태도를 받아들이고 배우게 된다.

말을 잘 알아듣지 못하는 영아에게도 감사의 표현을 자주 들려준다.

"우유를 잘 먹어서 고마워", "건강해서 고마워", "변을 잘 봐서 고마워."

"아이가 뭘 알겠어"라고 반문할지도 모른다. 그러나 감사는 논리 이전, 느낌과 감성에 닿아 있기 때문에 말을 모르는 영아에게도 효과가 있다.

만 2세 전후 아이는 짧은 문장을 구사하며 감정을 표현할 수 있다. 이때 "엄마랑 '감사합니다'라고 말해볼까?" 하며 아이의 표현을 연습하고 스스로 할 수 있도록 도와준다.

만 3세 이상이 되면 언어 표현력도 늘고 인지 능력도 발달하므로 다양한 상황놀이를 통해 연습하게 해본다. 가족에게 도움을 받는 상황, 아빠에게 선물을 받는 상황 등을 놀이로 만들어 적절한 감사의 말을 표현하도록 유도해준다.

감사에도 법칙이 있다.

"네가 ~ 때 ~ 해줘서 고마웠어."

이처럼 구체적인 내용을 말하고 감사를 표현한다. 예를 들어 엄마가 청소를 할 때 옆에서 아이가 장난감을 정리해 준다고 하자. "네가 엄마가 청소할 때 바닥에 떨어진 인형을 정리해줘서 고마웠어"라고 하는 것이다.

둘째, 익숙한 것에서도 감사를 찾는다

잠자리에서 일어났을 때 "아침마다 우리 공주님 얼굴을 볼 수 있어 감사해"라고 인사해보자. 아이도 "아침마다 엄마를 볼 수 있어 감사해요"라고 따라 하게 될 것이다.

식사하기 전엔 "오늘도 맛있는 음식 감사히 잘 먹겠습니다"라고 인사하자. 먹고 난 다음 어김없이 "잘 먹었습니다, 고맙습니다"라고 한다면, 아이에게도 감사가 머지않아 습관처럼 자리 잡을 것이다.

잠자리에 들 때는 "오늘 하루도 잘 지내고 편안하게 잠자리에 들 수 있어서 고마워"라고 먼저 말해보자. 아이도 익숙해지면 일상적인 순간도 감사함으로 바라볼 수 있을 것이다.

그러나 감사 표현에도 조심할 것이 있다. 다른 사람의 부족한 부분을 비교해서 감사하는 태도이다. 아이의 관심은 감사가 아닌 비교에 머물게 된다. 상대와 비교해서 하는 감사는 올바른 감사가 아니다.

셋째 감사의 편지나 감사 일기 쓰기에 도전한다

감사 일기는 일기 형태로 감사한 일과 사람에 대해 구체적으로 기록하는 것이다. 사소한 듯하지만 그 변화의 결과는 놀랍다. 몇 차례의 시행만으로 감사에 대한 생각을 바꿔준다. 감사할 거리를 찾는 습관을 길러준다. 평소 대수롭지 않은 일이라 생각했던 것조차 감사의 조건이 된다.

쓰는 게 어려운 아이는 엄마와 함께 음성으로 녹음하는 것도 좋은 방법이다. 꾸준히 하면 더없이 좋겠지만 시도해보는 것만으로도 충분히 가치 있는 일이다.

감사 편지는 감사의 대상에게 좋은 반응으로 되돌아온다. 따라서 감사의 의미를 알게 하고 감사하는 습관을 기르는 효과적인 방법이다.

아이들의 감사하는 마음과 태도는 자신감을 높여준다

감사는 자신감과 더불어 자신의 삶에서 힘든 일을 겪을 때 잘 회복할 수 있는 '회복 탄력성'의 뿌리가 된다.

친구로 인해 속상한 일이 생기면 아이는 학교나 학원에 가고 싶어 하지 않는다. 유아 역시 관계의 갈등으로 유치원에 가고 싶어 하지 않는다. 이런 문제가 생기게 되면 피하고 좌절하는 아이가 있다. 그러나 다시 고무공처럼 튀어 오르는 아이가 있다. 바로 회복 탄력성이 높은 경우이다.

회복 탄력성은 긍정적인 말과 감사로 다져질 때 가능하다. 자신에게 닥친 문제를 좌절과 실패로 생각하지 않는다. 오히려 기회로 여겨 더욱 강하게 도약하는 힘으로 삼는다.

감사는 관계에 큰 활력을 준다.

주위에 관계가 좋은 사람을 살펴보라. 어김없이 감사 표현을 잘한다. 사소한 일에도 감사를 잊지 않고 드러낸다.

아이도 마찬가지다. 관계가 좋은 아이로 자라게 하고 싶다면, 하루에 감사할 거리를 세 가지만 찾아 아이와 이야기를 나눠보자. 감사를 연습해 감사 표현에 익숙해진 아이는 긍정적인 관계를 만들어 갈 것이다.

어릴수록 가르쳐야 하는 협동심은
또래 관계의 윤활유

아이는 무언가를 이루어 낼 때 성취감을 느낀다.

성취감은 아이 성장에 꼭 필요한 동력이다. 혼자 이뤄냈을 때보다 누군가와 함께 이루어 내면 성취감과 즐거움은 더욱 커진다.

함께 이루어 내는 것을 협력하는 것으로 표현한다. 협력은 가장 긍정적인 상호작용의 한 형태이다. 공동 목표를 이루고자 여러 사람이 함께 계획을 세우고 의견을 조율하며 힘을 합쳐 행동하는 것을 말한다.

협력을 이루어 내기 위해선 서로의 마음과 힘을 하나로 합하는 것이 필요하다. 그 마음이 협동심이다.

협동심은 공동의 목표를 이루기 위해서 자신의 욕구를 통제하고 속도와 방향을 조절하는 능력까지도 포함한다. 이런 협동심은 원만한 사회 구성원으로 성장할 수 있도록 도와주는 성장 발달 요소이다. 더불어 원만한 관계를 유지하기 위해 꼭 갖춰야 할 덕목이다.

아이의 협동심은 자연스럽게 주어지는 것이 아니다. 어릴 때부터 많은 사람들과의 만남을 통해 길러진다. 그러나 한 자녀 가정이 늘어나고 이웃 간의 교류는 점점 줄어들고 있다. 당연히 협동심을 키울 수 있는 환경 자체가 열악하다.

요즘 아이들은 친구들과 바깥에서 어울려 노는 시간보다 혼자 유튜브를 시청하는 것에 더 익숙하다. 얼굴을 맞대는 대신 SNS로만 소통하려고 든다. 현실이 이렇다 보니 협동심을 배우고 발휘할 기회조차 없는 편이다.

또한 사회의 경쟁 구도가 아이의 협동심을 떨어뜨리게 한다. 아이들은 성적으로 친구와 비교를 당한다. 함께 발전하려는 자세를 가르치기에 앞서 친구보다 우월해야 한다는 생각을 강요받는다. 이런 경험으로 친구를 협력이 아닌, 경쟁의 대상으로 여긴다.

당연한 결과로, 아이의 사회성 부재가 심각한 문제로 떠오르고 있다. '혼자만 놀려고 하는 아이', '독단적인 아이'로 고민하는 부모들이 많다.

협동심은 정서 지능, 사회성 발달에 영향을 미친다

협동심은 아이의 균형적 발달에도 중요한 역할을 한다. 협동적 활동을 통해 아이들은 정서 지능, 또래와의 상호작용, 조망 수용 능력등이 발달한다. 아이의 지능 및 정서 사회성 발달에 긍정적인 영향을 미친다.

이렇듯 협동심은 단지 아이의 한 부분에 국한된 것이 아니다. 관계성은 물론 아이의 균형 있는 발달을 위해선 반드시 갖춰야 한다.

혼자만의 시간에 익숙한 아이에게 협동심을 어떻게 길러줄 수 있을까?

협동심 길러주는 과정 4단계

협력이 이루어지는 과정에 주목할 필요가 있다. 이 과정은 4단계로 나눌 수 있다.

첫째 과정으로, '자기 조절'에서 출발한다.

자기 조절은 남들이 존중하고 수용할 수 있는 범위 안에서 자신을 표현하는 능력을 배우는 것이다. 자기 조절에 미숙한 아이는 울음과 고집으로 자신의 뜻을 관철시키려 든다. 타인의 입장을 생각하지 못한 경우이다. 부모의 무조건적 수용도 이를 부추긴 결과이기도 하다.

먼저 아이에게 상대의 입장을 이해시켜 준다. 나아가 자신의 의견을 말로도 충분히 표현할 수 있다는 점을 알려준다.

두 번째 과정은 '각자의 몫'이다.

아이마다 자신의 장점과 취향과 능력이 있다. 이 점을 아이에게 인식시켜 준다. 비교가 아니라 차이에 주목하게 한다. 각자 맡은 몫을 이루어가도록 돕는 것이다. 이를 통해 아이는 동일한 역할을 같은 방법으로 수행할 필요가 없다는 점을 알게 된다. 자신의 몫을 받아들여 과제를 성실히 해내는 단계이다.

세 번째 과정은 '주고받기'이다.

협력이 구체적으로 이루어지는 과정이다. 공동의 목표를 위해 각자의 생각과 능력을 주고받기 시작한다. 이로써 다른 이에게 관심을 갖게 된다. 자신의 과제 중 어려운 부분은 도움을 요청한다. 자신의 능력으로 친구를 돕기도 한다. 이 과정을 통해 배려와 존중의 마음, 그리고 협동심이 싹트게 된다.

마지막 과정이 '함께 이루기'이다.

공동의 목표를 겨냥한 실행의 과정이다. 이를 통해 상호 협력의 중요성을 알아간다. 결과물을 바라보며 서로의 역할을 인정해 준다. 이때 아이는 공동의 책임감을 느낀다. 더불어 혼자의 힘으로 이뤘을 때와는 비교할 수 없는 성취감을 맛보게 된다. 이러한 경험은 자연스럽게 다음의 공동 목표로 나아갈 힘이 된다.

협력은 단순히 '돕다(help)'라는 범주에 머물지 않았다. 진정한 의미는 '힘을 합하여 서로 돕다(collaboration)'인 것이다.

그러므로 앞에서 말한 협력의 4단계 '자기 조절 - 각자의 몫 - 주고받기 - 함께 이루기'의 과정을 기억하고 아이와 연습해보자.

가정에서 집안일로 협동을 경험할 수 있다. 온 가족이 함께 일하는 것은 협력의 좋은 경험이 된다. 예를 들어 엄마가 설거지하는 동안 아빠는 청소기를 밀고 아이는 마른 수건으로 먼지를 닦아보는 것이다. 이때 아이의 할 일을 지시하기보다 아이에게 의견을 물어보자.

"엄마는 주방을 정리하려고 해. 너는 어떤 것을 하면 좋을까?"

집안일을 함께 하되 아이 스스로 자기의 일을 선택하도록 자율을 주는 것이다.

공동의 과제를 수행한 후 느낌을 나눌 때 협동심이 길러진다

자발적 선택의 자유가 없는 협동은 강제에 의한 노동에 가깝다. 협동의 참뜻을 파악하기 위해선 아이에게 선택권을 주고, 일을 완수했을 때도 그냥 지나치지 말아야 한다.

"우리 가족이 각자의 역할을 다 하니 청소가 빨리 끝났구나. 이불을 혼자 정리할 때보다 서로 잡아주니 어땠어? 가족 모두가 함께 하니 기분이 어떠니?"

이렇듯 생각을 나누는 과정을 통해 아이의 협동심이 길러진다. 또한 공동의 목표를 이룬 뒤에는 해피타임을 갖는다. 서로를 격려하며 협동의 의미를 되짚어 본다.

협동의 경험이 반복되면서 아이는 함께 한다는 걸 긍정적으로 생각한다. 또한 협동은 목표를 효율적으로 이룰 수 있다는 점을 깨닫게 된다.

협동심을 위해서는 함께 할 기회가 중요하다. 또래 친구들이나 형제자매와 공동의 과제를 해결할 기회를 제공하는 것이다.

물론 타인과 무언가를 함께 한다는 것이 결코 쉬운 일은 아니다. 더구나 자기중심적 사고를 하는 유아에게는 더더욱 어렵다.

협동심을 키워준다는 의도로 아이에게 강요하면 역효과를 낼 수 있다. "친구랑 같이 해", "친구에게 양보해"라는 지시와 명령이 그러하다. 아이가 자발적 선택을 할 수 있는 분위기를 만들어줘야 한다. 다른 사람과 함께 무언가를 하는 것이 불편하지 않다는 사실을 아이가 먼저 느껴야 한다. 친구와 공동의 목표를 함께하는 과정이 즐거워야 한다. 그때 만족감을 느끼며 협동심이 자란다.

협동의 경험이 아이의 또래 관계에 영향을 미친다. 친구와 함께하는 걸 즐거워하고, 적절한 양보와 협력을 주고받을 줄 아는 아이로 성장할 때, 아이의 관계성은 좋아진다.

관계의 호감도를 높이는 유머 감각

따뜻한 햇살이 가득한 봄, 도서관에서 유아 하브루타 수업을 시작하는 날이었다.

첫 수업은 나를 소개하기. 각자 좋아하는 것 세 가지씩 골라 친구에게 이야기하는, 짝과의 관계 하브루타였다.

아이들의 반응은 다양했다. 부끄러워서 조용히 서 있는 아이, 손가락을 꼽으며 열심히 친구에게 이야기하는 아이, 키득키득 웃는 아이, 후다닥 말하고 꾹 입을 다물고 있는 아이....

그때 앙칼진 소리가 교실에 울려 퍼졌다.

"선생님, 친구가 자꾸 이상한 소리를 해요."

소리 나는 곳을 쳐다보았다. 여자아이가 발갛게 상기된 얼굴로 옆에 있는 남자아이를 노려보고 있었다. 잔뜩 화가 난 여자아이를 향해 남자아이는 무엇이 재미있는지 계속 낄낄거렸다.

나는 남자아이의 손을 잡고 부드럽게 물었다.

"우리 친구가 좋아하는 세 가지는 무엇이니?"

"똥, 방구, 지렁이."

"그렇구나."

살짝 미소 지으며 말을 이었다.

"앞에 있는 친구가 좋아하는 세 가지는 무엇인지 물어봐 줄래?"

다시 두 아이가 마주 보았다. 선생님이 지켜보고 있는 것을 의식했는지 대화가 그럭저럭 이어졌다.

수업을 마친 후 남자아이의 어머니와 이야기를 나누었다.

"우리 아이가 좀 그래요"하며 어머니는 걱정스런 눈빛으로 말했다.

"아이가 유치한 개그를 쏟아내고, 아무 데서나 큰 소리로 '똥'과 '방귀'를 말해요. 심지어 남을 웃기려고 일부러 미끄러지거나 넘어지기까지 한다니까요."

친구 관계는 어떠냐고, 어머니에게 물었다.

"당연히 싫어하죠. 그런데도 엉뚱한 행동을 멈추질 않네요."

유머 감각은 사람을 끌어당기는 매력이다. 남이 내 이야기를 듣고 웃어주거나 나의 행동에 반응해주면 관계에서도 자신감이 생긴다.

유머 감각은 타고난 성향이 아니다. 그동안 주위에서 학습된 반응이다. 유머가 넘치는 가정에서 자란 아이들은 유머 감각이 좋다. 자연스럽게 또래 아이들에게 인기를 얻게 된다.

엄격하고 딱딱한 가정 분위기에서 아이는 유머 감각을 배울 기회를 얻지 못한다. 유머 감각을 드러내도 제지당하니 발달하지 못하는 것이다.

아동의 발달 단계상 유아기에서 초등 1-2학년 시기까지의 아이들은 똥, 방귀와 같은 단어를 유머의 소재로 삼는다. 말해 놓고 낄낄대며 웃는다. 어른의 눈에는 유치해 보이지만 아이들은 즐겁기만 하다.

사례의 아이는 유머 감각을 발휘한 것이다. 그러나 엄마는 걱정스럽게 바라봤고, 친밀하지도 않은 상대방 여자아이에게 섣불리 사용했으니 아이는 이상한 아이로 취급당했다. 아이의 유머 감각은 잘 발달하기를 멈추게 될지도 모른다.

관계가 서툰 아이는 상황에 맞지 않는 엉뚱한 행동을 한다. 재미있는 행동으로 친구의 관심을 끌고자 하지만 오히려 오해를 불러일으키기도 한다. 결국 친구들은 아이를 멀리하고, 관계는 더욱 틀어지게 된다.

발달 단계에 맞는 아이의 유머 감각 키워주기

유머 감각은 아이의 발단 단계에 맞게 키워줘야 한다. 또래에 맞는 유머 감각은 좋은 관계를 만들어낼 힘이 된다.

0~2세 아이들은 흥미로운 자극에 반응을 한다. 엄마의 과장된 소리 '까꿍' 같은 말이나 간지러움에 관심을 보인다.

만 1세가 넘어가면서 엄마의 우스꽝스러운 행동에 웃음을 터트린다.

만 2세 전후에는 역할 놀이, 상상 놀이 등을 통해 유머 감각을 조금씩 일깨워낸다. 언어가 점차 발달하면서 사물의 이름을 바꿔 부른다. 엄마에게 아빠라고 부르며 나름 유머 감각을 발휘한다.

만 4~5세에는 똥, 방귀를 좋아하는 시기이다. 몸에서 나는 소리, 몸 개그 등을 재미있다고 느낀다. 똥, 방귀라는 소리만 들어도 웃고 좋아한다. 또 일부러 미끄러지고 넘어지거나 뒤뚱거리고 이상한 표정을 짓는 등 재미난 행동을 하며 유머 감각을 발휘한다.

이 시기 아이들이 똥과 방귀 이야기를 하고 상대를 웃기려는 몸짓을 하는 것은 자연스러운 현상이다. 과민하게 반응하거나 걱정할 필요없다. 오히려 지극히 잘 자라고 있다는 신호이다.

"우리 아이는 너무 까불어요."

이런 하소연을 하는 부모들을 자주 만난다. 그렇다고 아이의 행동을 비난하거나 면박을 주는 것은 옳지 않다. 이럴 경우 아이는 아예 비슷한 행동 자체를 포기해버린다.

나 또한 그런 경험이 있었다.

큰아이가 애니메이션 짱구에 푹 빠져서 있던 어느 날이었다. 갑자기 엉덩이를 반쯤 까고 짱구 춤을 추며 방에서 나오는 거다. 아이의 엉뚱한 행동에 당황한 나는 면박을 주었다.

"아휴 창피해. 그게 뭐가 웃기니?"

한껏 기분 좋았던 아들은 의기소침해졌다. 아이는 엄마에게 웃음을 선사하려 유머를 발휘했던 셈이었다. 그 의도가 무참하게 무너진 경험을 한 아이는 어찌 되었을까. 그 뒤로는 내 앞에선 웃기는 행동을 전혀 하지 않았다.

돌이켜 생각하면 그때 아이는 엄마로 인해 수치심을 느꼈던 셈이다. 나의 그릇된 반응으로 한동안 아이의 유머 감각을 볼 수 없었다.

아이의 과한 행동은 자제시켜야 한다. 그러나 수치심을 주는 방법은 좋지 않다. 화제를 잠시 다른 곳으로 돌리게 만드는 방법이 좋다. 물을 마시게 한다거나, 장소를 옮기거나 전혀 다른 질문을 던진다거나... 이런 식으로 아이의 관심이 자연스럽게 다른 화제로 옮겨가게 돕는다.

유머 감각은 아이의 성장에 어떤 영향을 미칠까

첫째, 건강하고 사교적인 아이로 성장할 수 있다.

적절한 유머 감각은 상대방에게 호감도를 높여주며 좋은 관계로 이어진다. 웃는 얼굴은 사람을 끌어당기는 힘이 있다. 호감을 전하는 데는 웃는 얼굴이 가장 효과가 좋다.

"사람은 타인을 붙잡아두기 위해 웃는다."

아동심리 분석의 권위자 볼비(John M.Bowlby)의 말이다.

웃는 얼굴은 관계를 열어주는 첫걸음이며, 얼굴에서 웃음을 끌어내는 도구는 유머이다.

둘째, 유머 감각은 힘든 시기를 이겨낼 힘이 된다.

유머감각이 좋아지면 자존감이 높아진다. 반면 스트레스 수치가 낮아지며 근심, 의기소침해지는 정도가 줄어들어 좀 더 긍정적인 자기개념을 갖도록 돕는다. 곧 힘든 시기를 극복할 원동력으로 작용한다.

셋째, 연상력과 순발력이 발달한다.

유머는 상식의 틀을 유쾌한 범주에서 벗어날 때 가능하다. 평범함 속에서 비범함을 찾아낼 수 있어야 한다. 따라서 이야기를 재미있게 끌어가려면 빠른 두뇌 회전이 필요하다. 하나의 현상에서 다른 것을 떠올릴 수 있어야 한다. 유머 감각을 자주 발휘할수록 언어와 인지 발달이 좋아진다.

넷째, 창의력을 키워준다.

유머 감각은 창의적 사고력과 밀접한 관계가 있다. 이를 두고 아인슈타인은 다음과 같이 말했다.

"나를 키운 것은 유머다. 유머는 내가 보여줄 수 있는 최고의 능력이다. 모든 사람들은 규칙을 지키려 노력하지만 나는 반대로 규칙을 뒤집었을 때 새로운 규칙이 탄생할 것이라 믿는다."

창의력은 있는 그대로의 수용이 아니다. 그건 모방이다. 아인슈타인의 지적처럼 규칙을 뒤집었을 때 나온다. 유머가 바로 그러하다. 익숙한 상식으로는, 뻔한 상황에서는 아무도 웃지 않는다. 무엇인가 달리 생각하는, 곧 창의력을 발휘해야 한다. 그러므로 유머는 창의력 발전의 첫걸음이다.

우리나라에서는 농담을 잘하면 실없는 사람으로 표현한다. 하지만 유대인은 그렇지 않다. 유대인들은 유머를 지적인 활동으로 생각한다. 그래서 유대인은 높은 자리에 오르거나 부자가 될수록 유머 감각을 중요하게 생각한다.

유대인은 성실만으로는 성공할 확률이 없다고 생각한다. 성실하고 고지식한 사람은 상상력과 개성이 없기 때문이다.

유머 감각 키우기

관계에 호감도를 키워주는 유머 감각은 어떻게 키울 수 있을까?

가장 중요한 것은 부모의 '맞장구치기'이다.

정말 재미있어서가 아니라 일단 시도했다는 자체가 중요하다. 아이가 웃기려고 했다면 유머러스하지 않아도 일단 함께 웃어주자. "그게 무슨 말이니?"라는 이해의 말이 아닌 "너의 말이 참 재미있구나"라며 함께 웃어주는 것이다.

수줍음이 많은 아이에겐 갑작스런 호응이나 반응은 오히려 역효과를 낼 수 있다. 부드러운 미소와 함께 "재미있는 걸!"이라며 자연스러운 격려로 아이의 행동에 자신감을 넣어주어 보자.

다음으로, 부모가 유치해지는 것이다.

어른과 아이의 놀이가 아닌 아이의 눈높이에 맞는 유치한 유머로 놀아주자. 아이와 함께 똥과 방귀 얘기도 해보고 유치한 말장난도

쳐보는 거다. 아이는 유머에 자신감을 갖게 된다. 덤으로, 엄마 아빠 역시 행복한 시간을 경험할 수 있다.

부모가 유머 감각이 부족하여 무엇을 해야 할지 모르는 경우가 있다. 이때 놀이를 통해 시도해보자. 엄마와 아빠의 놀이 시간에 하는 사소한 실수, 게임에서 지는 것, 게임을 더 흥미롭게 해주는 말과 행동들이 가족 모두를 웃게 한다. 이런 웃음을 경험한 엄마와 아빠, 그리고 아이까지 유머 감각에 친숙해진다. 친숙해져야 계속 시도할 의지가 생긴다.

웃음은 아이의 정서를 순화시켜준다. 실컷 웃고 나면 신기하게도 나쁜 감정이 씻겨져 내린다. 아이의 행동에 웃어주고 반응해주는 것은 부모의 사랑과 관심의 의미이다.

부모의 적절한 반응으로 아이들의 유머 감각은 발달한다.

유머를 익힌 아이는 친구들 앞에서도 자신 있게 행동하고 관심과 주목을 받는다. 또래 관계 형성에 도움이 되는 것은 당연하다. 재미있고 즐거우며 긍정적인 아이, 웃음이 많은 아이는 관계를 맺는 데 두려움이 없다.

유머, 좋은 인간관계를 형성할 수 있게 하는 힘이다.

남을 너그럽게 받아들이는 사람은 항상 사람들의 마음을 얻게 되고,

위엄과 무력으로 엄하게 다스리는 자는 항상 사람들의 노여움을 사게 된다.

-세종대왕-

챕터 3. 관계 나무 키우기

관계성 높이는

하브루타 질문 기법

경청하는 아이가 되는 경청 하브루타

하브루타는 대화에서 출발한다. 상대가 누구든, 장소가 어디든, 주제가 무엇이든 이야기를 나눌 수 있다면 얼마든지 하브루타로 이어질 수 있다.

친구와 오랜 시간 대화를 나누었음에도 기분이 썩 좋지 않았던 경험이 있는가? 마음을 나누고 생각을 주고받고 싶었던 대화가 혼자 허공을 떠도는 덧없는 행위로 생각되었던 시간들 말이다.

좋은 대화를 나누기 위해서 필요한 것은 무엇일까?

좋은 대화는 상대방의 이야기를 잘 들어 주는 자세에서부터 시작된다. 바로 경청이다.

경청이란 귀를 기울이는 것은 물론 자세히 듣기 위해 몸을 기울이는 모습까지 포함한다. 듣는다는 것은 소리를 통해 말하는 사람의 마음을 듣고 그 속에 있는 의도를 듣는 것이다.

'깊이 있게 듣기'가 바로 경청이다. 대인 관계에서 좋은 대화를 유지하는 데 경청이 중요하다.

아이의 말을 깊이 있게 듣는 것이 가능할까?

아이의 생각과 관심의 폭은 좁을 수밖에 없다. 특히 부모의 입장에선 굳이 듣지 않아도 아이의 뜻을 이미 헤아릴 때가 많다. 신경을 집중하지 않은 채 건성건성 들으려 한다. 같은 말을 반복하는 아이가 답답해 짐작해서 말을 끊기도 한다. 가끔은 무슨 말인지 도통 알아들을 수 없어 무시해 버리기도 한다. 아이가 자신의 생각과 관심 안에서 최선을 다해 말하고 있음에도 불구하고.

부모가 대충 듣는다고 느낀다면, 아이의 감정은 어떠할까?

감정의 움직임은 누구에게나 비슷하다. 어른이 불쾌하다면 아이 역시 그렇다. 이러한 감정을 반복해서 느꼈을 때, 아이는 점차 입을 닫게 될 것이다.

아이에게도 부모가 깊이 있게 들어주는 경청이 필요하다.

깊이 있게 들으려면 어떻게 하는 것이 좋을까? 들어주는 것은 요구를 받아들이겠다는 것이 아니다. 아이를 존중하고 있는 그대로를 수용하는 것이다.

아이의 말을 경청하는 단계

아이를 위한 경청의 첫 단계는 인내이다

끼어들거나 아이 말을 자르지 않고 성실하게 듣는 단계이다. 들어

주는 것은 소극적 의미의 경청이지만 이마저 끝까지 쉽지 않을 수 있다. 이야기를 듣다 보면 해주고 싶은 말이 많아진다. 그래서 부모가 불쑥불쑥 말허리를 자르고 끼어들게 된다.

아이의 말을 끊지 않기 위해서는 아이의 모습을 자세히 살핀다. 아이의 호흡에 맞춰 함께 숨을 쉬어본다. 아이의 말에 담긴 감정을 읽고 표정을 따라가 본다. 그렇게 하는 동안 아이는 방해받지 않은 채 맘껏 이야기하게 되고, 부모는 아이의 말을 끝까지 들어 줄 수 있다.

두 번째 단계는 인정과 반응 경청이다.

아이가 말하는 동안 긍정적인 반응을 보여준다. 고개를 끄덕거린다. 살짝 미소를 지어 준다. '그래, 그렇구나, 음' 등의 간단한 말로 인정해 준다. 이러한 표현은 아이에게 좋은 감정을 갖게 한다.

'너의 이야기를 잘 듣고 있어. 지금 이야기에 관심이 가네. 더 많은 이야기를 해주길 원해.'

부모가 반응 경청의 모습을 보일 때, 아이는 자신감을 갖는다. 자신의 감정을 솔직하게 드러낼 용기가 생긴다.

세 번째 단계는 반영 경청이다.

반영 경청은 적극적 의미의 경청이다. 아이가 말한 것은 물론 말하지 않은 그 내면의 의미까지 이해한다. 사실과 내면의 의미를 함께 아이에게 전달해 준다. 부모가 해주고 싶은 말이 아니다. 아이 말 속에 숨은 의미와 의도를 끄집어내어 되돌려주는 과정이다.

이 단계에서 아이는 자신의 뜻과 감정이 부모에게 받아들여지고 있다는 느낌을 받는다. 자연스레 부모를 신뢰하게 된다. 그리고 자신의 문제를 좀 더 분명하게 볼 수 있어 결국 스스로 문제를 해결할 수 있다는 믿음을 갖게 된다.

경청도 훈련이 필요하다

아이가 부모를 통해 경청의 태도를 배웠다면, 이제 몸으로 익혀 실천할 수 있어야 한다. 이를 위해 하브루타 경청이 필요하다.

경청 하브루타는 다음의 순서로 진행한다.

1. 상대방의 눈을 바라보고 손을 잡는다. (경청의 자세)
2. 상대방의 말을 듣고 고개를 끄덕이며 '아, 그렇군요'라고 말한다. (인정과 반응 경청)
3. 상대방의 말을 그대로 따라서 질문으로 되돌려준다. (반영 경청)
4. 상대방의 이야기를 통해 질문을 한다. (경청 질문)

이러한 과정을 아이와 반복적으로 훈련하면 아이의 경청 능력이 눈에 띄게 향상될 수 있다.

아이에게 들려줄 이야기를 하나 준비해보자. 그리고 들어줄 준비가 되었다는 뜻을 행동으로 나타낸다. 아이의 손을 부드럽게 잡는다. 아이의 눈동자를 보며 입가에 미소를 지으며 이야기한다.

이솝 우화에 나오는 이야기로, 아이와 엄마가 나눈 경청 하브루타의 경험을 바탕으로 구성해 보았다.

엄마: 재미있는 이야기를 들려줄게. 잘 듣고 엄마에게 똑같이 해줄래?

아이: 네, 엄마.

엄마: (아이의 손을 잡고 눈을 맞춘다.)

옛날에 당나귀가 숲속을 걸어가고 있는 거야. 맴맴맴, 노래하는 매미의 노랫소리가 너무 아름다웠어. 노래를 잘하는 매미가 당나귀는 부러웠지.

"매미야, 너는 무얼 먹어서 그렇게 노래를 잘하니?"

그러자 매미가 대답했어.

"나는 이슬만 먹어."

그날부터 당나귀는 이슬만 먹었대. 당나귀는 노래를 잘하게 되었을까? 이제 엄마에게 이야기를 다시 들려줄래?

아이: 음, 당나귀가 있었는데요, 매미 노랫소리를 듣고 물어봤어요. 매미가 무엇을 먹고 노래를 잘하는지요. 그래서 매미가 이슬을 먹었다고 해서 당나귀는 이슬을 먹었대요.

엄마: (이야기를 들으며 고개를 끄덕인다)

아, 그렇구나. 너의 이야기는 당나귀가 있었는데 매미 노랫소리가 부러워서 매미에게 무엇을 먹고 사느냐고 물었어. 매미가 이슬을 먹는다고 말해 줘서 당나귀도 매미처럼 이슬을 먹었대. 너는 이렇게 말한 거지?

아이: 맞아요.

엄마: 그럼 당나귀는 왜 매미가 부러웠을까?

아이: 노래를 잘하면 멋있잖아요. 그러니까 부럽죠.

엄마: 아하, 그럴 수도 있겠다. 너는 다른 친구가 어떨 때 부럽니?

아이: 그림을 잘 그리는 친구가 부러워요.

엄마: 그렇구나. 그림을 잘 그리는 친구가 왜 부러울까?

아이: 그림을 잘 그리면 멋져 보여요.

엄마: 그래, 그래. 그림을 잘 그리면 멋져 보여서 친구들이 부러워할 수도 있겠다. 네가 잘하는 건 무엇일까?

아이: 줄넘기를 잘해요.

엄마: 아, 그렇지. 줄넘기를 잘하는구나. 엄마는 줄넘기를 잘하는 네가 정말 자랑스러워. 이 이야기를 듣고 더 궁금한 건 없니?

아이: 그런데 매미는 진짜 이슬을 먹고 살아요?

엄마: 글쎄? 우리 한번 찾아볼까?

처음 경청 하브루타를 시도할 때, 아이는 어렵게 느낀다. 아이의 집중하는 시간에 따라 이야기의 길이를 조절할 필요가 있다. 몇 차례 반복해 익숙해지면 점차 이야기의 주제와 시간을 확대한다.

경청 하브루타는 일상에서 언제든지 가능하다. 평범한 이야기를 가지고 할 수도 있고 동요나 동화로도 가능하다. 어떤 주제라도 괜찮다. 다만 집중해서 듣고 인정과 반응을 해주고 그 이야기를 따라서 복사하는 연습이 중요하다. 천릿길도 한 걸음부터라는 말을 잊지 말고 조금씩 꾸준히 하는 자세가 필요하다.

경청에 관한 데일 카네기의 유명한 일화가 있다.

뉴욕의 어느 모임에서 그는 유명한 식물학자와 이야기를 나누게 되었다. 카네기는 식물에 대해 아는 바가 없어 그저 열심히 듣기만 했다.

"아, 네. 조금 더 설명해 주시겠습니까?"

이런 식으로 식물학자의 말에 덧붙이기만 했을 뿐이었다. 열정적으로 이야기하는 식물학자에 대한 예의로 몇 시간 동안 자리를 지키며 들어 주었다. 식물학자는 매우 흡족한 얼굴로 이야기를 마쳤다.

그런데 어느 날부터인가 카네기에게 뜻밖의 이야기가 자주 들려왔다. '카네기는 말주변이 아주 좋은 사람이다'라는 평가였다. 평가의 진원지가 궁금해 알아봤더니, 얼마 전 만난 식물학자였다. 식물학자는 만나는 사람마다 카네기를 가리켜 이렇게 말했단다.

"내가 지금까지 만난 사람 중 가장 말주변이 좋은 사람이 카네기라오."

"좋은 청취자가 되라. 남이 자기 자신에 관해서 말하도록 격려하라" 데일 카네기는 이렇게 말했다.

누군가 나의 말을 잘 들어줄 때, 우리는 그 사람에 대한 신뢰와 믿음을 갖게 된다. 아이 역시 그렇다. 부모의 열 마디 말보다 아이가 하는 한 마디의 말을 잘 들어주는 것이 아이에게 믿음과 신뢰를 주는 것이다.

아이의 말을 열심히 들어주는 자세가 필요하다.

나아가 경청 하브루타로 반응해주고, 반영하는 대화를 나눈다면 아이는 관계에 서툰 모습을 보이지 않을 것이다.

소통의 힘을 키워주는 소통 하브루타

"우리 엄마랑은 말이 안 통해요!"

"도대체 저 아이 머릿속에 무슨 생각이 들어 있는지 알 수가 없어요."

소통이 불통인 아이와 엄마의 푸념이다. 이런 이야기들이 주변에서 종종 들려온다.

사춘기의 아이들만 그럴까? 아니다. 초등학생에게도 도서관에서 만난 일곱 살 아이한테도 들었던 경험이 있다.

의사소통이란 가지고 있는 생각이나 뜻을 밝혔을 때, 서로 통하는 것이다. 나의 생각과 상대방의 생각을 공유하게 되면, 우리는 소통한다고 이야기한다. 소통 안에는 공유와 나눔 그리고 공감이 녹아 있다.

"우리, 얘기 좀 하자."

아이의 생각을 알고 싶은 부모가 심각하게 아이를 부른다. 마음속에 하고 싶은 이야기를 가득 담은 채 말이다.

아이는 어떨까. 뭔가 혼날 것 같은 느낌이 들어 긴장한다. 피하고 싶다. 대화의 여지를 주지 않은 채 아예 입을 닫기도 한다.

대화 의지가 없는 아이와 소통을 하려면 어찌해야 할까?

우선 자연스러운 분위기와 주제가 필요하다. 사람은 누구나 자신이 좋아하는 음식이나 장소, 놀이 등 관심 갖는 화제에 대해 이야기할 때, 대화에 적극적으로 임한다. 편하고 즐거운, 아이의 관심에 맞는 화제로 자연스럽게 대화를 시작하는 요령이 필요하다.

반대로 아이가 부모에게 다가가 이야기를 하고자 할 때가 있다. 부모는 자신의 바쁜 일정으로 서둘러 말을 끊는 경우가 있다. 또는 건성으로 들어 아이의 관심사를 제대로 파악하지 못하는 경우도 있다. 부모의 성의 없는 태도에 아이는 상처를 입는다. 말문을 닫게 된다. 이런 경험이 반복되면, 아이는 부모에게 자신의 감정이나 상황을 자세히 말하려는 의지가 없어진다. 소통의 끈이 끊어지게 되는 것이다.

소통은 상대의 입장을 생각해 보려는 자세에서 출발한다

국적이 다른 두 사람이 다른 언어로 이야기하는 상황을 떠올려보자. 답답한 상황에서는 서로의 언어를 알아야 하듯, 소통을 위해서는 서로의 입장에서 생각하는 자세가 필요하다.

상대방이 어떤 생각을 하고 있을까, 어떤 상황에 처해 있을까, 어떤 것이 문제일까? 내 생각과 판단과 상황을 앞세우지 않고, 상대의 입장을 먼저 생각해 줄 때 소통이 시작된다.

성공적인 소통을 위해서 필요한 것은 무엇일까?

첫째, 공감이다.

아이를 공감한다는 것은 쉽지 않다. 아이에 대한 온전한 이해를 위해 나를 내려놓아야 가능하다. 스스로 공감하고 있다고 생각하는 행동이 사실은 공감의 방해가 되고 있을 수 있다.

아이가 친구에 대한 고민을 엄마에게 털어놓았다.

"그런 생각을 하는 친구는 잘못된 거야. 다신 같이 놀지 마."

엄마는 아이에게 공감했을까. 아이가 왜 아픈지, 그 아픔을 마치 내가 겪고 있는 듯한 느낌을 받았을까.

아이는 여전히 친구와 잘 지내고 싶다는 마음으로, 그러지 못해 안타까운 속내를 털어놓았을 뿐이다. 그러나 엄마는 아이의 마음을 공감해 주지 못했다. 분석하고, 비판하고, 충고했다.

아이가 정말 원하는 것은 해결책이었을까. 그저 속상한 마음을 공감받고 싶었다. 따라서 아이는 엄마의 경청만으로 충분했을 것이다.

공감은 경청하는 것이다. 마치 아이인 것처럼 그 입장에서 듣고 이해해주는 것이다.

둘째, 자기표현이다.

자기표현은 자신의 감정, 사고, 욕구, 바람 등을 상대방에게 잘 전달하는 것이다. 전달이 잘되도록 하려면 반드시 'I-메시지'를 사용해야 한다. 'You-메시지'를 쓰게 되면 자칫 상대를 비난하거나 일방적인 요구가 될 수 있다. 상대의 마음을 다치게 한다. 나아가 불통의 결과를 가져오게 된다.

'I-메시지'로 나의 감정과 욕구, 바람을 말하면 상대의 마음을 상하지 않게 자기표현을 잘할 수 있다.

또한 자기표현은 반드시 공감과 함께 이뤄져야 한다. 상대의 감정과 생각에 충분히 공감한 후에 자신의 의사를 표현해야 한다.

"네가 TV를 계속 보는 것을 보니 엄마가 걱정이 되네. 숙제를 먼저 하고 TV를 보는 것은 어때?"

엄마의 걱정스런 감정을 먼저 표현했다. 이후 요구 사항을 전달했다. 이것이 상대의 마음을 다치지 않게 하는 자기표현법이다.

셋째, 존중이다.

존중은 아이를 하나의 인격체로 여기는 태도이다. 아이와의 존중 대화는 상대를 동등하게 대하는 자세에서 출발한다.

상대방을 배려하면서 부드럽고 공손한 말투로 예의 바르게 말한다. 나의 의견을 강요하는 것은 존중의 자세가 아니다. 아이와의 대화에서 부모가 자주 범하는 실수는, 아이의 생각이 틀렸다는 판단이다. 틀린 게 아니라, 아이의 입장에서 생각하면 다른 것이다. 의견이 못마땅할지라도 다를 수도 있다는 점으로 인정하는 것이 존중의 대화다.

소통을 위한 3요소인 공감, 자기표현, 존중을 내 아이와 하브루타로 실천해 보자. 아이들과 하는 소통 하브루타는 대화 질문으로 시작한다.

【소통 하브루타 대화모델】

A	너는 어떻게 생각하니?	의견을 물어보는 존중
B	나는 _____라고 생각해.	자기표현
A	아~ 그렇게 생각하는구나.	공감
A	왜 그렇게 생각하는 거야?	존중
B	왜냐하면 _____ 하는 것 같기 때문이야.	자기표현
A	너는 _____라고 생각하는데, _____하기 때문에 그렇다는 거지? 와, 너무 (멋진, 좋은, 탁월한) 생각이다.	공감

하루 일과를 마치고 저녁에 식탁에 모인다. 이때 엄마는 아이의 하루를 묻는다.

"오늘 어땠어?"라고 질문을 하면 아이는 틀에 박힌 대답을 하기 일쑤이다. "좋았어, 그저 그랬어, 똑같았어"라는 식이다. 따라서 매번 다른 질문으로 아이들의 말문을 두드려볼 필요가 있다.

오늘은 아이가 보낸 하루를 색으로 물어본다.

엄마: 오늘 하루는 어떤 색이었니?
아이: 무지개색이었어요.
엄마: 왜 무지개색이었을까?
아이: 엄마, 오늘 내가 얼마나 바빴냐면....

아이는 새로 배운 혼합 계산을 풀어내느라 머리가 온통 빨개진 느낌이었다고 한다. 빨강을 담은 이야기를 시작으로 짓궂은 남자아이들로 인해 우울했던 보라색까지 주욱 들려준다.

엄마: 아 그렇구나. 무지개 일곱 색깔이 다 표현될 만큼 하루가 다양한 시간과 마음으로 채워졌다는 얘기지. 참 멋진 표현이다.

간단한 대화이지만 엄마는 세 가지를 했다.
하나, 질문으로 아이가 맘껏 자기의 감정을 표현할 기회를 주었다.
둘, 경청 반응으로 공감했다.
셋, 아이의 생각을 존중했다.
아이들과 재미있게 읽었던 '세상의 많고 많은 초록들'이라는 그림책이 있다. 책 속에서 작가는 초록을 참 다양하게 이야기한다.

바닷속 깊은 초록, 꽃잎 위 느릿느릿 초록 애벌레, 녹두의 누릇한 초록들....

그림책을 읽고 아이와 노랑, 빨강, 파랑을 자신의 표현대로 맘껏 이야기하게 한다.

소통 하브루타로 질문과 대화를 나누면 아이의 생각과 그 이유와 마음의 깊이를 알 수 있다. 원할한 소통을 하기 위해 관심사, 고민, 트랜드, 나누고 싶은 이야기를 화제로 삼는다. 또한 소통을 위한 도구로 맛있는 음식, 그림책, 영화 등을 공통 화제로 사용해도 좋다.

하브루타 소통은 생각을 나누고 해답을 찾아나가는 과정이다.

다른 사람의 생각에 귀를 기울이고 분석하고 대응한다. 대화하는 과정에서 의견을 물어보고 공감하고 지지해주다 보면, 타인에 대한 존중이 생겨난다.

질문에 대한 답을 통해 자기표현력이 높아진다. 이유와 근거를 이야기하면서 내 생각을 논리적으로 정리할 수 있다. 이 모두 소통 하브루타를 통해 얻을 수 있는 장점들이다.

【유재석의 소통법】

■ 말을 독점하면, 적이 많아진다.

■ 내가 하고 싶어 하는 말보다 상대방이 듣고 싶은 말을 해라.

■ 입술의 30초가 마음의 30년이 된다.

공감의 힘을 더해주는 공감·감정 하브루타

옆집 남준이는 6살이다. 엘리베이터에서 남준이와 엄마를 만났다. 남준이 얼굴은 눈물과 콧물 범벅이었다. 엄마는 화가 가라앉지 않은 듯 거친 숨을 연신 몰아쉬었다.

"남준이 이제 마치고 집에 오는구나."

나는 아이에게 친근하게 인사를 건넸다. 조잘조잘 말이 많던 남준이는 대꾸도 없이 바닥만 쳐다봤다. 이내 남준 엄마의 하소연이 들려 왔다.

"글쎄 유치원 선생님한테 전화가 왔어요. 오늘 남준이가 교실에서 친구를 때렸다는 거예요. 도대체 왜 그런지 모르겠어요."

"그러게. 왜 친구를 때렸을까?"

엄마가 안타까운 눈으로 아이를 쳐다보며 말을 이었다.

"유치원에서만 그런 게 아니에요. 어제는 집에서 동생도 때리더라고요."

"그랬구나. 우리 남준이가 동생도 때릴 만큼 마음에 속상한 일이 있었겠구나."

나의 말이 끝나자마자 남준이가 소리쳤다,

"엄마 미워."

엘리베이터가 도착하고 남준이는 집으로 들어가 버렸다. 엄마는 길게 한숨을 토해냈다.

"남준이가 며칠 전에는 아빠에게 장난감을 던지고 소리도 지르더라고요. 어린이집에서도 아이들과 자주 다투고... 어떻게 해야 할지 모르겠어요."

친구를 때린 아이, 아이의 문제 행동으로 유치원으로부터 전화를 받은 엄마.

아이는 아이대로, 엄마는 또 엄마의 입장에서 힘든 상황이다.

엄마에게 차 한잔 하자고 집으로 초대했다. 방법을 제시하기에 앞서, 속이 다 풀릴 때까지 엄마의 이야기를 들어 주었다.

엄마와 아이의 감정은 종종 부딪힌다. 특히 아이의 문제 행동으로 빚어진 충돌은 좀처럼 해결되지 않는다. 잘못 대처했다간 오히려 관계는 어긋나고, 아이의 문제 행동은 더 심각해진다.

아이의 문제 행동을 마주한 엄마의 마음은 다급하다. 아이가 그런 행동을 하게 된 동기, 이유, 상황에 대해 파악하기도 전에 해결책부터 제시한다. 문제 행동으로 빚어진 결과에만 눈길이 가 있기 때문이다.

남준이는 왜 친구를 때린 걸까? 그 상황이 어떠했는지, 그 아이의 마음이 어떻게 흘러갔는지 먼저 알아야 한다. 눈물이 범벅된 아이의 모습에서 '속상해요, 화가 나요, 나도 억울하다고요' 하는 아우성을 들어주는 것이 먼저다. 그게 공감이다.

남준이가 한 행동이 옳은 선택은 아니다. 그러나 한 가지 주목해야 할 점이 있다. 화가 날 수 있는 상황이었다면....

화가 난 아이의 감정 자체가 잘못된 것은 아니다. 다만 화를 표현하는 방법에 문제가 있을 따름이다.

공감받지 못한 아이가 대인 관계에 서툴다

아이의 감정을 잘 읽고 있는가?

그 감정에 공감하는가?

감정을 표현하는 적절한 방법을 아이에게 알려주었는가?

아이의 행동을 판단하기 전, 먼저 부모 스스로 점검해봐야 할 부분이다.

부모에게 자신의 감정을 이해받고 위로받은 아이는 공감 능력이 뛰어나다. 자신이 받아 온 방식대로 친구에게도 행동한다. 따라서 대인 관계도 잘 맺는 아이로 성장한다.

반대로 공감 능력이 낮은 아이는 자신의 감정을 있는 그대로 받아들여진 경험이 부족하다. 보고 배운 대로 상대방의 입장을 고려하는 능력이 떨어진다. 대인 관계에 서툴 수밖에 없다.

아이들은 부모의 감정을 드러난 그대로 읽는다. 그 감정을 표현하는 부모의 모습을 마음속에 새겨둔다. 그래서 아이들에게 감정에 대한 표현을 가르쳐주며 함께 이야기를 나누어야 한다.

아이가 자신의 감정을 말로 표현할 때, 전달 방법이 미숙하거나 틀릴 때가 있다. 상황에 딱 맞지 않은 말을 사용하기도 한다. 결국 상대가 아이의 감정 자체를 오해하게 된다.

이러할 때 아이는 또 다른 상처를 받고 만다. 따라서 아이가 감정 언어를 제대로 구사하는 법은 단순히 언어 구사 능력에 머물지 않는다. 관계 형성에 중요한 요인이 된다.

하브루타로 감정 언어를 가르치라

감정 언어를 잘 표현하도록 가르치려면 방법은 무엇일까?

아이들이 새로운 언어를 습득할 때, 단어의 의미를 먼저 아는 것이 아니다. 그 단어를 사용한 상황을 기억한다. 이후 아이가 이해한 상황에 맞춰 단어를 사용한다. 쉽게 말해 상황과 단어를 함께 기억하는 것이다. 이런 까닭에 아이가 상황을 어떻게 이해했느냐에 따라 엉뚱한 단어를 말하는 해프닝이 벌어지기도 한다.

감정 언어를 잘 사용하는 것이 공감 능력을 키우는 한 방법이다.

아이와 함께 하브루타를 통해 익히면 감정 언어에 대한 이해도를 높이는 데 도움이 된다. 공감 하브루타로 감정에 이름을 붙이고 해석하고 행동하는 단계로 연결해주는 것이다.

공감 하브루타 과정은 다음과 같은 순서로 진행한다.

> 문제 인식 - 마음 질문(경청 공감) - 해석 질문(경청 공감) - 해석하기

동생과 함께 놀던 준이의 표정이 일그러지더니 이내 뾰족한 말소리가 터진다

아이: 저리 가. 싫어, 미워!
엄마: 뭐? 왜 그래? 사이좋게 놀아야지. 그렇게 소리 지르면 어떻게 하니?

아이가 울음을 터트린다. 소리 지르고 화를 낸다. 이때 흔히 엄마는 아이의 모습을 바로 지적하며 행동을 수정하도록 지시한다. 아이가 울음을 멈출 수는 있다. 그러나 딱 거기까지이다.

아이가 자신의 마음을 드러내는 상황에 주목해야 한다. 아이에게 감정의 말 그릇을 넓혀줄, 감정 언어를 제대로 가르쳐 줄 기회이기 때문이다.

아이의 감정을 알아주는 말로 공감 하브루타를 해보자.

하브루타는 짝과 함께 질문하고 대화를 한다. 공감 하브루타를 하기 위해 아이와 얼굴을 마주 보고 눈을 맞춘다. 어떤 이야기든지 잘 들어주겠다는 마음을 가지고 이야기를 시작하면 좋다.

엄마: '저리가, 미워'라고 준이가 소리를 질렀네. _문제 인식 왜 동생에게 그렇게 말을 한 거야?

아이: 동생이 내가 만든 블록 성을 무너뜨렸잖아.

엄마: 동생이 블록 성을 무너뜨려서 기분이 어땠어? _마음 질문

아이: 화가 나. 동생이 없었으면 좋겠어. 싫어.

엄마: 동생에게 화가 나서 동생이 보고 싶지 않을 수도 있겠다. _경청 공감 블록이 무너졌을 때 마음이 어땠어? _마음 질문

아이: 내가 만든 성인데, 정말 화가 났어.

엄마: 내가 만든 성이 무너져서 속상했구나. _감정 언어를 인식시킴

아이: 어, 속상했어.

엄마: 너를 속상하게 한 동생에게 네 마음을 어떻게 말하면 좋을까? _해석 질문

아이: '너 땜에 속상하잖아' 하고 이야기해.

엄마: 음, 좋은 생각이네. 속상한 마음이 생길 땐 어떻게 하면 좋을까? _해석 질문

아이: 소리 지르고 싶은데 참고 엄마한테 얘기할 거야.

엄마: 그래, 속상할 땐 소리 지르지 않고 엄마와 아빠에게 이야기하면 좋겠다. 그러면 엄마가 도와줄 수 있어. _경청 공감

아이: 어. 엄마에게 말할게요.

엄마: 그럼 속상하고 화나서 동생에게 소리를 지르면 어떤 일이 생길까? _해석 질문

아이: 엄마한테 혼나요.

엄마: 그래, 엄마가 준이의 마음을 알지도 못하고 혼낼 수도 있겠다. _경청 공감 그럼 동생에게 뭐라고 이야기하면 너의 마음을 전할 수 있을까? _해석 질문

아이: 네가 내 블록 성을 망가뜨리니까 내가 속상하잖아. '이제 그렇게 하지마'라고 이야기할 거예요.

엄마: 준이 생각이 정말 멋지다. 속상할 때는 왜 속상하게 되었는지 동생에게 이야기하는 거구나. 그리고 엄마나 아빠에게 속상하다고 마음을 이야기하면 되네. 맞지? _해석하기 준아, 속상하다는 건 어떤 걸까?

아이: 눈물이 나고, 막 소리도 지르고 싶어요.

엄마: 그래, 속상하다는 건 눈물도 나오고 소리도 지르고 싶고 마음이 불편한 거네. 동생이 블록 성을 무너뜨리면 '속상해'라는 감정이 생기는구나. 다른 사람도 소중한 것이 망가지면 '속상해'라는 감정을 느끼겠네. 그렇지?

공감 하브루타를 통해 아이는 자신의 감정을 이해한다. 그 감정을 어떻게 표현하며 행동해야 하는지를 배운다. 명령과 지시로 개선되지 못했던 아이의 행동에 변화를 가져온다. 또한 상황에 맞는 적절한 감성 언어를 익힌다.

공감 하브루타를 실천하기 위해 갖춰야 자세가 있다.

우선, 부모는 내 아이의 감정을 정확하게 읽어 주어야 한다.

짜증, 심심함, 지루함, 피곤함, 궁금한, 신기함…. 아이가 순간순간 경험했을 기분에 구체적으로 이름을 붙여준다. 아이의 감정을 짚어준 후에는 적절한 대응 방식을 짝 대화로 나눈다.

아이가 '짜증이 나면 소리를 지른다'는 대응에서 다른 방식을 가르쳐준다. '짜증 나면 엄마 아빠에게 도움을 청한다'는 방법을 아이가 직접 말하게 해주는 것이다.

이런 대화들이 아이의 기억 속에 쌓이게 되면 자신의 감정을 표현하는 정확한 단어를 알아갈 수 있다. 감정의 말 그릇이 넓어진다. 감정의 표현이 풍부해지면 나의 감정과 타인의 감정을 조절할 능력이 생긴다. 또래 관계를 맺어갈 때, 자기 조절과 통제력이 높아진다. 결국 공감 능력이 뛰어난 아이가 될 수 있다.

감정의 언어를 잘 이해하면 공감 능력이 높아진다.

공감 능력은 관계성에 깊은 영향을 준다. 슬픈 친구를 보고 화를 낸다고 잘못 인식하게 되면 관계성이 깨질 수밖에 없다. 상대방의 감정을 잘 헤아린 후 적절한 공감 언어를 해주는 능력은 대인 관계 능력에 꼭 필요하다.

질문으로 생각을 키워주는 질문 하브루타

아침에 눈 뜨자마자 아이가 시크릿 쥬쥬 화장 가방 세트를 사달라고 졸랐다. 30분 남짓 실랑이가 이어졌다. 바쁜 마음에 '에잇 그냥 사줄까'라는 생각에 잠시 망설였다. 방 한구석에 자리하고 있는 장난감 화장대와 화장 세트가 눈에 들어왔다.

일곱 살이 되면서 아이는 점점 고집을 부렸다. 심지어 반항하는 모습까지 보였다. 이참에 물건의 소중함도 알리고, 떼쓰는 버릇도 다잡아야겠다는 생각에 꾹 참았다.

인내심의 한계를 느꼈다. 화도 났다. 결국 소리를 지르고 말았다.

"네 마음대로 해."

아이가 풀 죽은 목소리로 말했다.

"알겠어 알겠다고. 어린이날에 꼭 사줘야 해."

말해놓고는 서럽게 울었다. 얼마쯤 지났을까, 울다가 지쳤는지 갑자기 아이가 물었다.

"엄마는 나한테 왜 맨날 뭐라 해? 엄마가 왕이야? 내가 신하야? 매일 먹기 싫은 거 먹으라 하고, 목욕하기 싫은데 하라고 하고, 왜 자꾸 명령해!"

순간 뒤통수를 호되게 얻어맞은 느낌이었다. 아이에게 나의 말은 그저 명령에 불과했을까. 엄마의 말투에선 사랑을 느끼지 못했을까.

언제부턴가 내 입에서 습관처럼 흘러나온 말들이 떠올랐다.

그만해. 빨리 먹어. 얼른 자. 조심해. 똑바로 해.

돌이켜보면 아이의 고집과 반항심은 내가 하는 말투와 행동에서 생겨난 거였다.

지시와 명령은 아이의 마음을 닫아 버린다. 아이와 엄마의 관계를 비뚤어지게 한다. 지시와 명령이 없어도 얼마든지 생각과 마음을 전달할 수 있다. 아니, 오히려 잘 전달되고 그 효과도 크다. 그걸 몰랐던 나는 일방적인 지시와 명령으로 일관했고, 아이가 그동안 쌓여왔던 감정을 토해냈던 것이다.

아이의 원만한 관계를 위해, 먼저 부모는 아이의 마음과 생각을 읽을 수 있어야 한다.

"무슨 생각을 하니?"

"느낌이 어때?"

이러한 질문을 해야 한다. 부모의 마음과 의도를 알고 있는지 아이에게 먼저 물어봐야 한다.

열린 질문으로 아이의 관계성을 키워라

관계성을 키워나가려면 아이와 대화가 잘 통해야 한다. 물론 저절로 되진 않는다. 대화가 잘 이어지려면 좋은 질문이 필요하다.

아이의 생각과 마음을 읽어 낼 수 있는 좋은 질문이란 무엇일까?

바로 열린 질문이다.

열린 질문은 하나의 정답이 있는 것이 아니다. 답이 여러 개가 될 수 있는 질문이다. 여러 개의 답이 가능하다는 건 아이가 어떠한 선택을 하든 존중해 주겠다는 의도가 담겨 있다.

그러나 열린 질문을 잘하는 것은 답을 말하는 것보다 어렵다. 부모의 머릿속에 자리한 답을 포기해야 하며, 아이의 마음을 먼저 헤아려주겠다는 각오와 태도를 지녀야 하기 때문이다.

부모의 욕심이 들어간, 부모가 원하는 답을 가지고 아이에게 질문하는 것은 질문이 아니다. 일종의 강요인 셈이다.

부모가 어떤 질문을 하느냐에 따라 아이 생각의 깊이가 달라진다. 좋은 질문을 할 때 아이는 질문자인 부모를 대하는 태도가 바뀌고, 생각의 깊이가 넓어진다.

"우리 아이한테 뭘 물어보면 답은 하나예요. '몰라요' 하면 끝이에요. 아이가 생각하고 대답하는 걸 귀찮아해요. 어떤 질문을 해야 할지 질문 자체가 쉽지 않아요."

부모교육 강의에서 만난 한 엄마의 하소연이었다.

먼저, 질문하는 태도를 바꿔보라고 조언했다. 정답을 이끌어내려는 의도보다 정말 아이의 생각이 궁금한 질문을 하라고 덧붙였다.

부모가 물어봤을 때 답을 피하거나 성의 없는 태도를 보이는 아이가 있다. 지시하고 명령하던 부모가 어느 날 갑자기 태도를 바꾸어 부드럽게 물어본다면, 아이는 어떠할까. 처음에는 달라진 부모의 태도에 당황할 것이다. 솔직히 말해도 될는지, 아이에겐 아직 확신이 없다. 한두 번 태도를 바꾸어 열린 질문을 해본 부모는 아이의 변함 없는 단답형 대답에 실망하고 포기한다. 더 이상의 노력을 하지 않게 된다.

한두 번의 노력으로 바뀌지 않는다. 당장의 효과를 기대하지 말아야 한다. 이미 아이는 지시와 명령으로 일관했던 엄마의 질문에 익숙해져 있는 탓이다.

부모의 노력과 인내가 필요하다. 아이가 자기 생각을 표현할 수 있게 편안한 분위기를 조성하고, 무엇이든 말해도 좋다는 확신을 주어야 한다.

질문하고 싶게 만드는 부모의 태도

아이의 질문을 듣는 부모의 자세 역시 중요하다.

영유아기의 아이들은 호기심 천국이다.

"엄마 왜?"

"이건 뭐야?"

이러한 질문들을 마구 쏟아낸다. 하나부터 열까지 다 궁금한 아이는, 엄마가 따로 질문을 가르치지 않아도 궁금함이 끊이지 않는다.

그러나 학교에 입학할 시기부터 질문의 횟수가 줄어든다. 청소년기가 되면 요구를 담은 질문 외에는 아예 말문을 닫아 버린다.

누가 우리 아이들의 입을 막아버린 것일까?

아이들의 질문을 무시하는 어른들과 부모의 태도에서 비롯된 것이다.

'시끄러워, 조용히 해, 엄마 말 들어, 말대꾸하지 마.'

권위적인 부모들이 쏟아내는 말들이다. 이러한 말들이 아이를 위축시킨다.

아이의 질문에 관심을 갖지 않고 무시하게 되면, 아이는 더이상 궁금증을 질문으로 표현하지 않는다. 묻는 말에 겨우 대답이나 하는 수동적인 아이로 자라나게 된다.

질문을 잘하는 부모의 태도도 중요하다. 그러나 더 중요한 점은 아이의 질문에 잘 응대하는 것이다.

좋은 질문으로 아이와 대화하고 싶다면 하브루타 질문놀이를 해보자.

하브루타 질문놀이를 풍성하게 해주는 세 가지 질문

하브루타 질문놀이를 풍성하게 해주는 세 가지 질문은 다음과 같다.

첫째, "너는 어떻게 생각해?"라는 말로 되물어본다.

자신의 생각을 물어봐 주는 엄마의 질문으로, 아이는 존중받고 있다는 생각을 하게 된다. 존중받는 아이는 부모를 존중한다. 부모의 질문을 하찮게 여기지 않는다. 부모가 아이의 생각을 물어봐 주면 아이는 자신의 이야기를 먼저 털어놓게 된다. 그러면 아이가 어떤 생각을 하고 있는지 알게 된다. 아이의 마음 깊은 곳을 들여다볼 수 있다.

둘째, "이 질문이 왜 궁금했어?"라며 질문의 의도를 묻는다.

아이가 질문할 때는 항상 의도가 있다. 지식을 얻기 위한 질문일 수도 있고, 관심을 받고 싶어 물었을 수도 있다. 의도를 안다면 더 좋은 대화를 나눌 수 있게 된다.

질문의 의도를 알지 못하면 아이가 원하는 답을 줄 수 없고, 아이의 욕구를 이해하지도 못한다. 그러면 아이의 마음을 알아주는 소통을 할 수 없다.

셋째, "왜 그렇게 생각했어?"라며 이유에 관심을 갖는다.

아이들의 이유는 어른의 예측을 뛰어넘을 때가 많다. 유아교육 전문가로서, 세 아이를 키운 엄마로서의 경험이다.

이유를 듣다 보면 아이가 이해되고 그 생각의 깊이를 느끼게 된다. 또 이유를 묻는 질문은 아이의 논리성을 키워준다. 이유를 답하기 위해 더 깊이 생각하게 된다. 생각은 또 다른 생각을 부르기 마련이다. 그러다 보면 다른 궁금증이 생겨 꼬리에 꼬리를 무는 질문을 하게 된다.

【하브루타 질문의 종류】

도입 질문	이야기 나누고자 하는 것과 관련된 흥미를 유발하는 질문
내용 질문	이야기의 사실적 내용을 확인하는 질문
심화 질문	이야기 안에서 등장하는 인물의 사건이나 상황에 대한 질문 (예: 등장인물의 마음과 생각을 상상해보는 질문)
적용 질문	만약에 나라면~ 이라는 가정을 넣어 나에게 적용해 보는 질문
종합 질문	이 글에 대해 전체 주제를 생각해 볼 수 있는 질문

책을 읽던 딸아이가 질문을 했다.

딸: 엄마, 달팽이는 왜 시금치를 먹으면 초록 똥을 싸고 당근을 먹으면 주황 똥을 싸요?

아이가 책을 통해 새로 알게 된 내용을 자랑하고 싶어 던지는 질문인지, 정말 궁금해서 묻는 것인지 몰라 잠시 고민했다.

엄마: 갑자기 왜 달팽이 똥이 궁금했을까?

딸: 그림책 속에 그런 이야기가 있는데 잘 모르겠어요.

엄마: 그렇구나. 왜 달팽이는 색깔 똥을 누는 걸까?

딸: 그러게요. 왜 그럴까요?

엄마: 강아지 똥은 무슨 색이었지?

딸: 길에서 봤을 땐 검정색이었어요.

엄마: 아. 그래 진한 검정색이었던 거 같구나. 그럼 사람 똥은 무슨 색이었지?

딸: 엄마, 정말 웃겨요. 사람은 다 똥색이죠.

엄마: 사람과 달팽이의 다른 점은 무엇일까?

딸: 사람은 크고 달팽이는 작아요.

엄마: 그러네, 크기가 다르구나. 그럼 같은 점은 무엇이지?

딸: 입으로 먹는다는 거죠.

엄마: 입으로 음식을 먹으면 어디로 갈까?

딸: 입에서 씹고 음식물을 삼키면 위로 갔다가 장으로 가서 똥으로 나오죠.

엄마: 그렇구나. 그럼 달팽이는 먹은 음식이 어디로 갈까?

딸: 잘 모르겠어요.

엄마: 엄마도 잘 모르겠구나. 그럼 어떻게 하면 좋을까?

딸: 그럼 찾아볼까요?

엄마: 그거 좋겠다. 함께 컴퓨터에서 검색해보자.

아이와 함께 인터넷에서 검색해보고 그 내용으로 계속 대화했다. 달팽이는 간과 쓸개가 없기 때문에 먹은 음식대로 그 똥의 색이 나온다는 이야기를 아이가 직접 읽고 이야기해 주었다.

벌써 4년도 넘은 추억의 이야기다.

아이의 짧은 질문으로 나와 아이는 한참을 질문하고 대화하고 비교하고 상상했다.

하브루타 질문놀이는 모두를 수다스럽게 만든다. 오롯이 아이의 눈을 바라보고 그 이야기를 존중해 주다 보면 관계가 더 돈독해진다.

하브루타 질문놀이는 생각을 깊게 해주고 문제 해결력을 높여준다. 사고력과 문제 해결력이 높은 아이들은 사회에서 좋은 관계를 만들어가는 능력이 탁월해진다.

부모와 함께 하는 질문 하브루타가 아이의 관계성을 키워줄 수 있는 것이다.

다름을 인정하고 지지하는 힘
인정과 지지 하브루타

이른 저녁 시간이었다. 아파트 놀이터에는 그네를 타는 아이, 미끄럼틀을 내려오는 아이, 뛰어다니며 잡기놀이하는 아이들의 웃음소리로 가득 찼다.

"소라야, 이제 우리 갈 시간이야. 집에 가자."

짜증이 섞인 엄마의 목소리다. 놀고 있는 아이를 지켜보는 것이 힘든 모양이다.

"싫어, 조금 더 놀래."

짧은 대답을 던지고 아이는 쪼르르 친구 뒤를 따라 미끄럼틀에 오른다.

"좋아. 그럼 딱 10분만 더 놀아."

뛰어가는 아이 뒤통수에 대고 엄마가 외친다. 아이의 볼멘소리가 이어진다.

"더 놀면 안 돼?"

"엄마 저녁 해야지. 너도 이제 씻어야 하고."

"싫어, 더 놀 거란 말야."

아이가 칭얼거린다. 벤치에 앉아 있던 엄마가 벌떡 일어선다.

"그럼 넌 놀아. 엄만 간다."

"엄마 나빠."

아이가 울먹이며 따라나선다. 그렇게 아이는 엄마 손에 이끌려 집으로 갔다.

더 놀고 싶다는 아이의 마음, 집에 가서 해야 할 일로 가득 찬 엄마의 생각. 두 사람의 다른 마음과 생각이 충돌했다.

다른 것은 틀린 것이 아니다. 다양한 것 중의 하나일 뿐이다. 그럼에도 불구하고 실제로 생각이 다른 사람을 만나면 불편함을 느낀다.

왜 불편한 걸까? 대부분 내 생각이 '옳다'라는 착각을 하고 있기 때문이다. '나의 옳음'이 다른 사람을 바라보는 기준이다. 나와 반대 의견을 들으면 거부감을 느낀다. 내가 옳다고 생각하는 기준에 적합하지 않으면 불편하게, 심지어 틀렸다고 인식한다.

나와 다른 생각을 하는 타인을 대하는 것도 불편하다. 하물며 내 가족, 내 아이가 나와 다른 생각을 하고 있다는 것은 받아들이기 쉽지 않다. 아니, 정말 어렵다.

"쟤는 누굴 닮아서 저 모양인지 몰라."

가끔 부모에게서 듣는 아이에 대한 평가이다. 자신과 다른 부분을 마치 아이가 틀린 것처럼 표현한다.

이러한 부모의 영향을 받고 자란 아이는 어떠할까. 다름을 틀림으로 받아들일 가능성이 높다. 아이의 행동은 성향이 아니라 학습받은 결과물이기 때문이다. 대체로 아이들은 부모의 가치관이나 행동에 의해 자신도 모르는 사이 습관이 형성된다. 다름을 인정하지 않는 부모의 태도는 아이에게 그대로 전달된다.

다름을 인정하고 지지하는 것이 존중이다

다름을 인정하는 것은 존중하는 마음에서 출발한다.

외모와 취향과 생각, 가치 기준이 다른 사람은 불편하고 싫다. 다르기 때문에 쉽게 가까워지기 어렵다. 그래서 다름을 인정하는 것은 상대를 존중하는 마음 없이는 쉽지 않다.

고집 센 아이는 상대의 다름을 인정하지 않는다. 상대는 틀렸다는 생각에 사로잡혀 있다. 따라서 관계가 좋을 리 없다.

부모가 먼저 다름을 이해하는 태도를 보여야 한다. 아이의 행동을 이해할 수 없을 때, '이 아이는 나와 참 많이 다르구나'라고 생각해야 한다. 아이의 다름을 인정하는 것이 곧 아이를 존중하는 것이다.

부모 중심의 사고를 하는 경우, 다르게 행동하는 아이를 문제아로 취급할 수 있다. 아이는 부모의 의견을 따라야 한다는 부모 위주의 강요로 아이를 몰아간다.

그 결과 아이도 집 밖에서 '내 의견을 따라야 한다'라는 잘못된 리더십으로 변형될 수 있다. 상대방을 온전히 이해하는 것은 불가능하다. 아이는 또래 관계에서 실패할 수밖에 없다.

부모 중심으로 행동하는 실수를 저지르지 말자. 아이의 안전을 위협하거나 건강을 해칠 수 있는 상황, 도덕적으로 문제가 되지 않는 상황이라면 아이의 의견을 존중하고 지지해주자. 부모와 생각이 다름을 다양성으로 인정해 주어야 한다.

다름을 인정하기 위해 상대방의 의견에 억지로 동의하라는 말은 아니다. 단지 그 의견도 일리가 있다는 것을 인정해 주면 된다.

사례의 아이는 놀이터에서 더 놀고 싶다고 했다. 더 놀고 싶은 아이의 욕구와 놀고 싶은 이유를 인정하면 된다.

'그럴 수도 있겠다'

아이의 생각을 존중하기 위한 지지 하브루타를 하면서 꼭 필요한 말이 있다.

"그럴 수도 있겠다."

"미처 그 부분은 생각하지 못했네."

이 말을 기억하고 아이와 함께 존중 하브루타로 다름을 인정하는 연습을 해보자.

첫째, 엄마와 다른 욕구를 인정한다.

"더 놀고 싶구나."

둘째, 상대방 욕구에 근거를 덧붙여 지지한다.

"놀이터에 친구들이 남아 있으니(근거), 더 놀고 싶은 마음이 들수도 있겠다(욕구 지지)."

아이의 욕구를 인정하고 지지해주면 아이는 변한다. 자신의 마음을 인정받기 때문에 엄마의 상황을 돌아볼 여유도 생긴다. 더불어 인정과 지지로 하브루타 대화를 나누고 나면 엄마의 상황도 이해시키는 것이 수월해진다.

위의 사례를 인정 하브루타로 다시 정리해 보자.

엄마: 소라야, 이제 우리 갈 시간이야. 집에 가자.
아이: 싫어, 조금 더 놀래.
엄마: 소라가 조금 더 놀고 싶구나. 얼마나 더 놀고 싶은데?
아이: 계속해서 더 놀고 싶어.
엄마: 친구들이 놀고 있으니 더 놀고 싶은 마음이 들 수도 있겠다. 그런데 엄마는 저녁을 해야 하고 소라는 씻어야 하는데, 어떻게 하면 좋을까?
아이: 그럼, 10분만 더 놀고 들어가요.
엄마: 알겠어. 엄마 말 들어줘서 고마워.

엄마에게 욕구를 인정받고 지지받아 본 아이는 스스로 해결의 실

마리를 찾는다. 자신의 욕구와 엄마의 입장까지 충분히 고려한 해결책이다. '10분만 더 놀겠다'라고 아이가 찾아낸 해결 방법이 그러하다.

엄마는 두 가지를 선택할 수 있다. 아이를 억지로 집으로 데려갈 수도, 함께 하브루타 대화를 나눌 수도 있다. 후자를 택할 때, 아이는 상처받지 않는다. 엄마에게 존중받았다는 점으로 엄마는 아이에게 신뢰를 얻는다.

하브루타 대화로 자신의 생각을 존중받고 생각하며 스스로 행동하는 아이로 자라게 할 것인가. 그냥 부모의 강압에 의해 멈추는 아이로 자라게 할 것인가. 선택은 부모의 몫이다.

인정 후 근거를 덧붙여 지지한다

하브루타 대화 속 인정은 단지 그 의견을 수용하는 것이 아니다. 나와 다른 생각이긴 하지만 틀리지 않았다는, 열린 생각을 갖도록 돕는다. 인정 후 근거를 덧붙여 지지한다. 하브루타를 통해 아이는 대화와 토론의 마음가짐과 기술을 익히게 된다.

상대방이 내 의견에 근거를 더하여 지지를 표현해주면 기분이 어떨까? 상대에게 존중받았다는 마음의 표현으로 받아들이게 된다. 따라서 지지 표현은 상대방과의 관계를 부드럽게 해주는 윤활유와도 같다.

부모가 자신의 말에 동의하지는 않지만 인정과 지지를 해준다면,

아이는 자신의 의견이 거절된 것으로 생각하지 않는다. 더 좋은 선택을 위해 양보한 결과로 받아들인다. 이는 부정적인 관계를 긍정적인 관계로 바꾼다.

인정과 지지의 감정을 경험한 아이는, 부모와의 관계도 긍정적으로 받아들인다. 부모와 아이는 협력하는 관계로 발전한다.

아이가 고집이 세다면, 다른 사람의 의견을 인정하고 존중하는 법을 배우지 못한 탓이다. 대인 관계에서도 친구를 무시하고 일방적인 주장만 되풀이한다. 소통을 불통으로 연결하는 셈이다. 계속 방치할 경우 아이의 대인 관계는 어떻게 될지 상상에 맡기겠다.

인정과 지지는 일회용이 아니다. 지속적으로 이어져야 한다. 그때 친구를 인정하고, 친구의 의견을 지지할 수 있는 안목이 생긴다.

인정과 지지는, 자칫 생각의 차이로 벌어질 수 있는 관계의 틈을 메우는 역할을 한다.

인정과 지지를 배운 아이는 친구와의 어긋난 관계마저 부드럽게 회복시킬 힘을 갖는다. 그러므로 아이를 향한 인정과 지지의 표현에 인색하지 말아야 한다.

누구에게든 인정받는 아이로 성장하길 바란다면, 부모로부터 시작해야 한다.

갈등 관계를 잘 풀어내는 힘
협상(타협) 하브루타

"엄마, 은서랑 우리 집에서 놀아도 돼요?"

놀이터에서 신나게 그네를 타던 아이가 물었다.

"그럴래? 은서도 엄마에게 허락받아야지?"

은서엄마에게 전화를 한 후 함께 집으로 왔다.

집으로 들어오자마자 아이들은 방으로 쪼르르 들어갔다. 배고프겠다는 생각에 간식을 챙기고 있었다.

은서가 훌쩍이며 방에서 나왔다. 방 안에서는 지은이가 잔뜩 화가 난 얼굴로 은서를 쳐다보았다.

"집에 갈래요."

"왜, 무슨 일이 있었니?"

은서는 훌쩍일 뿐 끝내 대답을 하지 않았다. 은서를 달래어 데려다주었다.

집으로 돌아와 지은이에게 물었다.

"지은이는 왜 화가 났고, 은서는 왜 울었을까?"

씩씩대던 지은이가 입을 열었다.

"은서랑 인형 놀이를 하기로 했는데 자꾸, 막 그림만 그리고 나랑 안 놀아주잖아요."

"그래서 울었던 거니?"

"색연필은 내 거니까 쓰지 말라고 했어요."

내 의견대로 되지 않는다고 화를 내는 아이가 있다. 불리한 상황에서 억지를 부리기도 한다. 은서는 울음으로 반응했다. 반면 지은이의 경우는 이루지 못한 자신의 뜻을 일종의 보복 행위로 앙갚음을 했다.

친구와 같이 놀 때 자주 토라지는 아이.

갈등이 생기면 울음부터 터뜨리는 아이.

자신의 뜻을 따라주지 않으면 친구에게 폭력을 사용하는 아이.

이렇듯 관계가 서툰 아이에게는 공통점이 있다. 원하지 않는 상황이 발생하면 상황을 원만하게 해결하지 못한다. 오히려 더 악화시킨다. 올바른 해결을 경험하지 못한 탓이다. 이성적 판단보다는 감정적으로 대응해왔기 때문이다.

유아기를 거쳐 학교에 입학하게 되면 친구와 함께하는 시간이 더 많아진다. 혼자서 하는 활동보다 여럿이 협력해서 수행해야 할 협동 과제들이 늘어난다. 또래 친구들과 관계 형성이 중요한 시기이다.

관계에서 갈등이 아주 없을 수는 없다. 작든 크든 있기 마련이다. 갈등 자체를 부정적 시각으로 바라볼 필요는 없다. 비 온 뒤에 땅이 굳어진다고 하지 않았던가. 갈등을 하나씩 극복하면서 관계는 더 깊어질 수 있다.

협상의 기술을 배워야 하는 아이들

그러므로 갈등을 만들지 않으려는 자세보다 더 중요한 것이 있다. 어쩔 수 없이 생기는 갈등을 해결할 능력이다. 갈등이 빚어졌을 때 상대방의 말을 경청하고, 상대의 심정에 공감하며 합리적인 해결 방법을 찾는 능력 말이다. 이것은 협상이다.

협상은 각자의 다른 의견을 인정하고 서로가 만족할 수 있는 방법을 찾아내는 것이다. 협상에서는 상대의 마음을 움직이는 것이 중요하다. 협상의 기술을 발휘할 줄 알아야 한다. 그러기 위해선 상대방과 좋은 관계를 유지해야 한다. 관계가 틀어진 상태에서는 서로를 공감하고, 마음을 움직여 좋은 결론을 이끌어 낼 수 없기 때문이다.

아이에게도 협상하는 능력이 필요할까?

당연히 필요하다. 아이도 사회에 속해 있다. 아이들의 세계에서도 언제든 갈등이 생긴다. 갈등에 따른 협상의 기술 역시 필요할 수밖에 없다.

아이가 친구와 다투게 되면 부모의 초점은 서둘러 문제를 해결하는 데 있다. 그래서 제시하는 것이 화해이다.

"친구는 싸우는 거 아니야. 어서 화해해."

이런 식의 억지 화해는 다툼을 멈출 순 있어도 아이들에게 협상을 가르칠 수는 없다.

억지 화해로 아이의 마음은 풀리지 않는다. 갈등이 해결된 것이 아니라 잠시 숨죽인 상태이다. 언제든 더 큰 갈등으로 폭발할 수 있다. 갈등 해결은 누구가에 의해 주어지는 결과물이 아니다. 스스로 협상을 통해 극복해내야 할 과제이다.

협상의 기술에서 중요한 것은 win-win

너와 내가 모두 만족한 해결을 얻으려면 지는 사람이 없어야 한다. win-win이어야 한다. 이길 수 있으려면 양보의 가치를 알아야 한다. 양보는 전략이며 서로에게 만족을 줄 수 있는 좋은 방법이다.

양보는 강요하는 것이 아니다. 스스로 양보가 가치 있는 전략임을 깨닫게 해주는 것이다.

흔히 유대인을 협상의 대가로 일컫는다. 미국에서 승소율이 높은 변호사의 대부분이 유대인이다. 유대인 변호사의 승소 비결 중 하나로 어렸을 때부터 익혀 온 하브루타를 꼽는다. 하브루타를 통해 협상하는 기술을 체득하였기 때문이라고 한다.

하브루타는 대화로 서로의 의견을 교환하고, 각자의 주장에 대해 질문을 하고 토론한다. 제시된 의견을 비교하고, 결론을 도출하기 위해 서로 설득하고 양보도 한다. 이러한 과정을 통해 상대를 설득하는 협상 능력과 합의를 도출하는 협업 능력이 향상된다.

협상 하브루타는 다음의 과정을 거친다.

1단계	분위기를 조성하는 단계. 경청과 의사 표현하기
2단계	듣고 질문하는 단계. 각자의 주장을 이해하기 위한 질문하기
3단계	지지와 도전의 단계. 주장을 인정하고 지지한 후 문제 제기로 도전하기
4단계	합의와 결론 도출 단계. 서로의 의견과 주장을 비교, 설득, 양보, 합의하기

이 과정을 지은이와 엄마의 대화에 적용해 보자.

[1단계- 분위기를 조성, 경청단계]

엄마: 둘 사이에 어떤 일이 있었는지 말해 줄래?

지은: 은서랑 인형 놀이를 하기로 했는데 그림만 그리고 나랑 안 놀아주잖아요. 그래서 색연필은 내 거니까 쓰지 말라고 했어요.

엄마: 은서와 인형 놀이를 하지 못하게 되어 화가 났구나. 그래서 은서에게 그림 그리던 색연필을 쓰지 못하게 한 거니?

은서: 네, 그렇게 했어요.

엄마: 지은이가 하고 싶은 것은 무엇이었지?

지은: 인형 놀이.

엄마: 은서가 하고 싶었던 것은 무엇이었을까?

지은: 그림 그리기.

[3단계- 상대방의 주장을 인정하고 지지하기]

엄마: 은서는 왜 그림이 그리고 싶었을까?

지은: 몰라. 그런데 내 색연필을 보자마자 예쁘다고 했어.

엄마: 그럼 은서는 지은이 색연필이 마음에 들었던 걸까?

지은: 그런 거 같아요.

엄마: 은서는 지은이 색연필이 마음에 들어 써보고 싶어서 그림을 그렸겠구나.

지은: 맞아요.

엄마: 그래, 은서의 마음은 그렇게 하고 싶었을 수 있겠다.

[4단계- 합의, 결론의 도출단계]

엄마: 지은이와 은서가 서로 기분 좋게 놀려면 어떻게 해야 할까?

지은: 은서랑 인형 놀이를 하기로 했으니까 인형 놀이를 해야죠.

엄마: 그럼 은서가 색연필을 써보고 그림을 그리고 싶은 것을 못

하면 어떤 기분일까?

지은: 슬플 거 같아요.

엄마: 그럼 은서도 기분이 좋아지려면 어떻게 해야 하지?

지은: 인형 놀이도 하고 그림도 그리면 되죠.

엄마: 어떤 걸 먼저 하면 좋을까?

지은: 은서가 먼저 그림을 그렸으니까 내가 기다려 주면 되는데....

엄마: 그렇구나. 지은이가 기다려 줄 수도 있겠다. 지은이는 은서와 즐겁게 놀기 위해 인형 놀이 순서를 양보할 수 있어?

지은: 네, 그럴 수 있어요.

대인 관계가 좋다는 것은 친구가 많다는 뜻은 아니다. 나와 의견이 다른 친구가 있을 때 상대의 입장을 잘 헤아려 보고 협상을 잘하는 것이다.

일방적인 고집을 부리는 아이에게 이기적이라고 말하기 전에 관계를 맺는 능력인 협상을 할 수 있도록 도와주자. 협상 하브루타를 활용하여 꾸준하게 훈련한다면 관계가 서툰 아이에게서 변화를 볼 수 있다.

"법대로 하든가!"

드라마나 영화에서 자주 듣는 말이다. 갈등 관계 속에서 해결할 의지를 포기하겠다는 선언이다. 해결하지 못할 갈등은 애초에 만들지 말아야 한다. 갈등이 생겼다면, 해결할 방도를 찾기 위해 노력해야 한다.

아이 앞에서 '법대로'라는 포기 선언은 절대 하지 말자. 관계 자체를 끊겠다는 뜻이기 때문이다. 부모가 먼저 갈등을 지혜롭게 해결하는 모습을 보일 때 아이들은 갈등을 해결하는 기술을 배운다. 또한 협상 하브루타를 통해 협상의 기술을 경험시킨다면, 비 온 뒤 굳은 땅처럼 갈등 해결을 통해 관계가 더욱 좋아지는 것을 경험하게 될 것이다.

관계 맺기가 두려운 아이를 위한 용기,
독서 하브루타

부모교육 강의를 마친 후, 한 엄마가 멈칫거리며 다가와 말을 걸었다.

"선생님 기억하세요? 도서관에서 만났던 가온이 엄마예요."

유난히 조용했던 가온이. 하얀 얼굴에 크고 동그란 눈으로 질문을 하면 고개를 숙이던 아이. 가온이는 친구들에게 말하는 것보다 나에게 와서 조용히 귓속말을 더 많이 하곤 했다.

"반가워요, 어머님. 가온이는 잘 지내죠?"

아이가 학교에 입학할 때가 되니 이런저런 걱정이 되셨는지 대뜸 고민부터 털어놓으셨다.

"가온이는 순하디순한 아이라 별로 힘들게 키우진 않았어요. 특별히 뭘 사달라고 조르거나 떼를 부리지도 않았고요. 다른 엄마들은 아이가 장난감을 사달라고 마트에서 뒹굴거나 고집을 피워 힘들어

하던데 저는 그런 기억이 별로 없어요. 그런데 며칠 전 가족들과 키즈카페를 갔어요."

가온이가 다른 친구들과 함께 떠들거나 몰려다니지도 않고 홀로 떨어진 채 쭈뼛대기만 하더란다. 학교에 가서 친구들과 잘 지낼지, 엄마는 걱정이었다.

"가온이가 친구와 어울리는 걸 싫어하는 것 같아요. 어떻게 해야 할까요?"

엄마의 생각에 동의할 수 없었다.

가온이가 수줍음이 많고 내향적이긴 하다. 그렇다고 친구와 어울리고 싶지 않을까.

그렇지 않다. 수줍음이 많은 아이도 친구들과 어울리고 싶어 한다. 다만, 관계를 맺고 유지하는 방법에 서툰 것이다. 관계를 이어나가는 방법을 모르기도 하고, 그 방법을 관계에 선뜻 적용하지 못하는 것이다.

수줍음이 많은 아이는 낯선 상황에 대한 적응 속도가 느리다. 낯선 환경에서 쉽게 긴장하고 당황하기 때문이다. 그래서 괜히 딴청을 한다거나 멀리서 지켜보기도 한다. 어떤 아이는 부모에게 계속 매달려 있다. 부모가 다른 친구를 소개해주고 어떻게든 무리 속에 넣더라도 문제 상황이 발생하면 이내 도망치듯 빠져나온다.

수줍음이 많은 아이는 대개 겁이 많고 소심하다. 두려움이 많아 조심스럽게 행동한다. 그러다 보니 상황에 맞게 자신을 표현해내는 방법을 잘 모른다. 따라서 친구 관계에서 나의 감정과 욕구, 생각을 표현하는 것이 어렵다. 상대에게 내 생각과 감정을 잘 전달하지 못하니 오해가 발생하고, 관계를 잘 맺지 못하게 된다.

관계를 주도할 수 있는 풍부한 이야깃거리를 주라

수줍음이 많아 관계에 서툰 아이들에게 친구와 잘 어울리도록 돕는 방법이 있다.

먼저 아이에게 풍부한 이야깃거리를 제공해주는 것이다. 친구에게 들려줄 이야깃거리가 많은 아이들은 적극적으로 친구 관계를 만들어 간다.

표현 욕구는 본능이다. 알고 있는 많은 이야기를 누군가에게 들려주고 싶어 한다. 먼저 대화를 시도하지 않는 수줍은 아이도 막상 친구 관계를 형성하면 다양한 이야깃거리로 관계를 주도해 나갈 수 있다.

관계 가운데 풍성한 이야깃거리를 제공해 주는 방법은 바로 독서이다.

독서는 많은 지식과 정보, 그리고 정서적 소양까지 채워주며 아이에게 다양한 이야깃거리를 준다. 스토리텔링을 할 수 있도록 해준다. 또한 독서 후 엄마와 하브루타를 한다면 아이는 더 많은 것을 생각하고 느끼고 오랫동안 기억한다. 질문을 생각하고, 질문에 답하며, 또한 토론하는 동안 아이는 관계를 잘 맺어가는 데 필요한 것들을 얻게 된다. 독서를 통해 관계 속으로 들어갈 용기를 얻게 되는 것이다.

독서 하브루타로 얻는 것들

독서 하브루타는 어떤 유익이 있는지 생각해 보자.

첫째, 독서를 통해 생각의 지평을 넓혀준다.

책에는 사건과 상황이 존재한다. 내가 직접 경험해보지 못한 여러 갈등 상황을 간접적으로 경험해 볼 수 있게 해준다. 또한 다양한 등장인물들의 입장을 생각해 보게 된다. 등장인물의 마음과 생각을 유추하며 문제 상황에 대한 객관적인 시선을 키울 수 있다.

둘째, 독서 후 하브루타로 관계에 필요한 능력을 키워준다.

책 속에서 만나는 갈등 상황에 맞는 좋은 질문을 통해 부모와 함께 고민하며 대화, 토론한다. 질문을 통한 대화와 토론은 꽉 막힌 생각을 뚫어줄 수 있다. 이처럼 부모와의 성공적인 하브루타 대화, 토론은 아이에게 좋은 경험이 된다.

토론을 경험해 보지 않은 아이는 두려움부터 갖는다. 자신의 생각에 누군가 다른 의견을 제시하면, 마치 자신의 존재가 거절당했다고 생각하여 더 소심해질 수 있다. 따라서 처음에는 부담이 없는 토론 상대가 좋다. 곧 부모이다. 부모와의 대화, 토론 연습은 생각의 유연함을 키워주고 관계성을 높여 준다.

셋째, 독서로 이야깃거리를 얻는다.

아이들은 처음 만나는 사이거나 자주 대화를 하지 않는 친구들을 어색해한다. 무슨 말부터 꺼내야 할지 몰라 쭈뼛거리게 된다. 소심하고 내향적인 아이는 더더욱 그렇다. 이런 아이에게는 말을 거는 방법을 차근히 알려주어야 한다. 어떤 말을 해야 할지, 어떤 주제로 이야기를 나눌지 말이다.

이야깃거리가 풍부한 아이는 또래 관계가 원만하다. 그럴 수밖에 없다. 재미있는 화제로 친구들에게 즐거움을 주기 때문이다. 따라서 다양한 대화의 소재는 이야기를 끌어나갈 때 유리하다. 독서를 통해 얻은 다양한 이야깃거리로 친구와 쉽게 친해질 수 있다.

아이와 독서 하브루타를 하기 위한 첫 단계는 그림책이다. 아이가 쉽게 접할 수 있으며, 드러난 내용과 더불어 보이지 않는 부분까지도 상상할 수 있게 한다.

그림책 하브루타를 통해 아이는 다양한 문제 상황을 경험하게 된다. 등장인물들의 보이지 않는 부분까지도 유추, 상상할 수 있다. 다양한 이야깃거리를 꺼내어 쉽사리 적용할 수 있다.

이렇듯 그림책은 관계성을 훈련하기에 더없이 좋은 교과서이다. 그 효과를 더 높이기 위해 하브루타 질문 대화를 권한다. 독후 질문은 이야기 속의 문제를 파악하고 해결책을 찾게 한다. 한 개의 답이 아닌 여러 개의 답이 나올 수 있는 열린 질문을 해야 한다는 것을 기억하자.

관계성을 높이기 위한 독서 하브루타의 질문 단계는 표를 참고하기 바란다.

소심한 아이들이 관계에 서툰 이유는 두려움 때문이다.

대부분의 두려움은 상상이 빚어낸 것이다. 즉, 겪어보지 못하였기에 두려움이 생긴다. 따라서 두려움을 극복하기 위해선 실제로 뛰어들어 경험해봐야 한다.

관계에 직접 맞부딪히기 전에 필요한 것이 간접 경험이다. 관계를 위한 준비 단계로, 독서를 통해 아이에게 간접적으로 경험하게 한다면 실제 관계를 맺는 데 도움이 된다.

그림책을 활용하면 쉽고도 풍성하게 많은 간접 경험을 시킬 수 있다. 그림책으로 관계성을 높이는 독서 하브루타를 해보기를 권한다.

하브루타 대화를 지속적으로 하다 보면, 관계에 서툰 아이가 친구들 속으로 뛰어들 용기를 얻는다. 관계에 대한 두려움이 사라질 것이다.

관계성을 높이기 위한 독서 하브루타의 질문단계

1. 상상 질문

 - 표지에서 보이는 그림들과 색, 제목을 가지고 질문한다.

 (예) 무엇이 보이나요?

 (예) 어떤 일이 일어날까요?

 (예) 제목을 보고 떠오르는 생각은 무엇인가요?

2. 낭독

 - 집중할 수 있는 가벼운 음악을 틀어본다.

 - 소리 내어 읽는다. (목소리의 변화, 등장인물의 감정의 변화를 살피며)

3. 내용 질문

 - 책에 등장하는 각각의 인물을 떠올리게 한다.

 - 그 문제가 무엇인지 확인하는 질문이다.

 (예) 책에 누가 나왔나요?

 (예) 등장인물에게 어떤 문제가 생겼나요?

 (예) 문제 상황이 일어난 이유는 무엇이라고 생각하나요?

4. 유추 질문

 - 등장인물의 감정, 마음, 생각을 유추할 수 있는 질문

 - 등장인물의 입장이 되어 지지와 문제 제기 해보는 질문

 (예) 주인공의 기분은 어땠을까요?

(예) 주인공을 위해 어떤 말을 대신 해 줄 수 있을까요?

(예) 주인공에게 부족한 건 무엇이었을까요?

5. 문제 해결 질문

 - 책과 다른 결말을 상상할 수 있는 질문을 해준다.

(예) 어떻게 해결하는 것이 좋았을까요?

(예) 더 좋은 방법은 무엇이 있을까요?

6. 적용 질문

 - 간접 경험을 기억하며 비슷한 상황에 적용할 수 있는 질문으로
연결한다.

(예) 이런 상황을 본 적이 있을까요?

(예) 만약, 너라면 어떻게 할까요?

(예) 엄마라면 어떻게 할 것 같아요?

7. 해석과 정리

 - 아이와 나눈 하브루타 대화를 근거로 이야기를 정리한다.

(처음엔 부모가 모델이 되어 준다. 반복적으로 훈련을 하다 보면
아이가 자연스럽게 정리할 수준에 도달한다.)

 - 핵심을 담아 간결하게 정리한다.

 - 아이와 함께 서로 번갈아 가며 읽는다.

(예) 이 이야기는 _____을 말하는 것 같아요. 왜냐하면 _____
했기 때문이에요. 만약 나에게 이야기와 같은 상황이 오면 _____
실천해볼 거예요.

관계에서 매력적인 아이로 만들려면
나눔을 가르쳐라

우리 가족은 연말이 되면 송년 식탁을 준비한다. 함께 한 해를 돌아보고 신년 계획과 각오도 나눈다.

지난 송년 식탁에서 각자의 연간 계획을 밝힌 후, 남편이 말했다.

"새해에 가족 모두가 함께 실천하길 원하는 신년 계획을 이야기해 볼까?"

"깨끗한 집 만들기요."

작은아이의 의견에 큰아이가 맞장구를 쳤다.

"맞아요. 바로바로 정리해야 하는데 매번 미루다 보니 일이 자꾸 많아져요."

그렇게 '깨끗한 집 만들기 프로젝트'가 시작되었다. 청소 구역을 나누고 당번도 정했다. 다양한 의견 중 눈에 띈 것은 아이들이 식사를 마치자마자 각자의 설거지를 하겠다는 부분이었다. 좋은 아이디

어였고, 엄마 아빠도 예외는 아니었다.

계획대로 순조로웠다. 모두 맡은 바 역할에 충실하였다. 그러던 어느 날 아이들이 소파에서 실랑이를 벌이고 있었다.

"내가 오빠 것을 세 번 해줬어. 그러니까 오빠도 내 설거지를 그만 큼 해줘야지!"

공평하지 않다, 준 만큼 받아야겠다, 계산이 틀렸다라는 말들이 오고 갔다.

공평함보다 베풂에 풍성한 사람이 관계에 성공한다

아이는 성장하면서 사고 영역이 확장된다. 차츰 나름의 판단 기준을 갖는다. 그 하나가 이해득실을 따지는, 나름의 계산기이다. 관계속에서도 계산기는 작동한다. 베푼 만큼 상대에게 받고 싶어 한다. 부탁을 거절당한 경험이 있다면, 계산기에 맞춰 거절하려고 한다.

그러나 관계 안에서 양팔 저울로 수평을 잰 것처럼 주고받는 행위를 명확하게 나눌 수 있을까? 설사 공평할지라도 관계 형성에 반드시 바람직한 영향을 미칠까?

균형만 따진다면, 오히려 지나치게 계산적인 사람으로 평가받기 쉽다.

주위의 인기 좋은, 관계가 좋은 사람을 살펴보자. 그 해답은 분명하다. 공평함보다 베풂에 인색하지 않은 사람이다. 받은 것에 딱 맞춰 주지 않는다. 조금 손해 보더라도 넉넉히 나누려는 태도로 상대와의 관계를 형성한다.

우리 안에는 이기적 유전자와 이타적 유전자가 뒤섞여 있다.

어려운 이웃을 보면 자연스레 마음이 움직인다. 그 움직임이 클수록, 친절을 많이 베풀수록 그와 어울리려 한다. 이타적 유전자의 작동이다.

반대로 나에게 시선이 집중되어 있다면, 이웃의 아픔을 쉽사리 외면한다. 도움을 요청해도 나의 이기적 유전자가 먼저 꿈틀댄다. 도울지언정 반드시 그 대가를 기대한다.

어느 쪽을 더 자주, 더 크게 작동하는가에 따라 관계성이 달라진다. 단지 타고난 성향으로 결정되지 않는다. 어떻게 교육받느냐에 따라 얼마든지 바뀌고 향상될 수 있다.

우리 아이가 관계에 서툰 모습을 보이는가?

먼저 이기적인 모습, 즉 지나치게 계산에 맞춘 태도로 상대를 대하고 있진 않은지 살펴봐야 한다. 그렇다면 관계성을 위해 나누고 베푸는 훈련을 시켜야 한다.

유대인들은 어려서부터 친절과 자선을 가르친다. 약자에게 친절을 베풀고 없는 사람을 돕는 것을 중요하게 생각한다.

자선을 의미하는 것과 비슷한 단어로 '체다카'가 있다. 체다카는 해야 할 당연한 행위, 정의라는 뜻이다. 아이들에게 공동체 안의 약자를 보살피는 것으로, 인간으로서 해야 할 마땅한 도리인 체다카

정신을 심어준다.

유대인은 아이가 어느 정도 성장하면 저금통을 마련해준다. 이 저금통의 이름도 체다카로 부른다. 자발적으로 체다카에 용돈을 넣도록 가르친다. 나보다 어려운 사람을 도울 때의 감동과 행복을 알게 한다. 이런 교육은 남을 배려하고 존중할 줄 아는 건강한 인성이 되어 바람직한 대인 관계로 이끄는 힘이 된다.

나눔의 자발성을 높이는 하브루타 대화

관계가 서툰 아이에게 나눔은 친구와 연결하는 끈이 된다.

가지고 있는 사탕을 친구에게 나누어주면 자연스럽게 대화로 연결할 수 있다. 나누어 주고 난 후 상대방이 기뻐하는 모습은 좋은 감정이 되어 돌아온다. 좋은 기억이 반복되면 친구 관계에 자신감이 생긴다. 나누어 주는 모습을 통해 친절한 아이로 인식되어 또래 아이들에게도 인기가 좋아진다.

그러나 주의할 점이 있다. 좋은 의도로 나눔을 실천했으나 가끔은 호감을 사기 위한 수단으로 오해받기도 한다. 따라서 나눔을 위한 자녀교육은 원칙이 중요하다. 부모가 일방적으로 원칙을 가르치는 것보다 아이와 하브루타 대화로 함께 정해보길 권한다.

나눔의 원칙을 정하기 위해 탈무드에서 나온 예화인 '누구를 도울 것인가?'를 주제로 아이와 하브루타 대화를 구성해 보았다.

엄마: 어느 집에 당나귀가 두 마리가 있었어. 한 마리는 이제 막 짐을 싣고 먼 길을 떠나려는 당나귀였고, 또 한 마리는 먼 길에서 돌아와 이제 막 짐을 내려놓으려는 당나귀였어. 다운이가 한 마리만 도와줄 수 있다면 어떤 당나귀를 도와줄래?

다운: 음, 나는 길을 떠나는 당나귀를 도와줄래요.

엄마: 왜 그렇게 생각했어?

다운: 돌아온 당나귀는 출발할 때 도와줬을 수도 있잖아요.

엄마: 그럴 수도 있겠다. 한 번씩 공평하게 도와주는 것도 좋은 방법이겠다. 당나귀를 공평하게 돕는 것이 옳은 것일까?

다운: 공평하다는 것은 돕는 게 아닐 수도 있겠어요.

엄마: 그럼 두 당나귀 중 누구를 도와야 할까?

다운: 도움이 더 필요한 당나귀요.

엄마: 도움이 더 필요한 당나귀는 누구였을까?

다운: 먼 길에서 돌아온 당나귀예요.

엄마: 왜 그렇게 생각했어?

다운: 출발하는 당나귀는 힘이 넘치는데 돌아온 당나귀는 힘이 없을 것 같아요.

엄마: 아, 돌아온 당나귀가 힘이 없어 도움이 더 필요하겠구나.

다운: 네, 맞아요.

엄마: 당나귀처럼 주변에서 우리가 도와야 하는 건 누구지?

다운: 힘이 없는 사람, 약한 사람이에요.

엄마: 만약, 여러 곳에서 다운이의 도움이 필요할 땐 어떻게 해야 할까?

다운: 도움이 먼저 필요한 곳을 생각하고 달려갈 거예요.

엄마: 그렇구나. 주변에 어려운 친구는 꼭 도와야 하는 거구나. 도움이 더 많이 필요한 곳을 찾아 그곳을 먼저 도와야 한다는 말이지?

다운: 네. 저도 그러고 싶어요.

여유와 배려가 몸에 밴 아이들에게는 공통점이 있다. 평소 봉사활동의 경험이 많다.

반대로 양보할 줄 모르고 친구보다 더 많이 차지하려는 아이들이 있다. 대체로 게임에 빠져 있어 경쟁에서 이기려는 태도를 보인다.

어느 쪽이 친구들에게 인기가 높고 관계가 좋은지는 따로 말할 필요가 없다. 친구는 게임 속 캐릭터처럼 경쟁해서 사정없이 빼앗는 관계가 아니다. 진정한 친구는 나누고 공유하는 관계이다.

관계성도 훈련이다.

훈련을 통해, 나누고 배려하는 태도가 습관으로 자리 잡아야 한다. 친절과 나눔을 실천할 수 있는 구체적인 방안을 제안해본다.

◆ 우리 집 선행 저금통 만들기

생각 질문 1: 우리의 기부가 필요한 곳은 어디일까?

생각 질문 2: 기부하기 위한 돈은 어떻게 모을까?

하브루타 대화를 통해 기부할 곳을 함께 정한다.

기부는 부자만의 특권이 아니다. 많고 적음이 중요한 것이 아니다. 기부는 우리가 해야 할 옳은 일임을 알려주어야 한다. 아이의 용돈으로 자발적 기부를 하게 한다. 혹, 용돈이 없는 아이는 가정에서 할 수 있는 일을 도우며 용돈을 모아 기부에 참여하게 한다.

◆ 봉사활동 함께 하기

생각 질문 1: 우리와 가까운 곳 중 봉사의 손길이 필요한 곳은 어디일까?

생각 질문 2: 어떤 분들에게 도움을 주고 싶은가?

생각 질문 3 : 도움을 줄 때 조심해야 할 점은 무엇인가?

탈무드의 '누구를 도울 것인가?'라는 질문은 우리에게 필요한 이웃들에게 관심을 갖게 한다. 봉사활동의 대상은 아동이나 청소년 또는 장애인, 노인들까지 다양하다. 일단 아이와 함께 돕고 싶은 대상을 하브루타 대화로 정한다. 이유도 묻는다. 도움이 필요한 이웃에 대한 이야기를 나누며 사회적 약자에 대한 배려를 알게 한다.

◆ 친절의 탑 쌓기

생각 질문 1: 도움이 필요한 사람이었나?

생각 질문 2: 어떻게 도와주었나?

'친절의 탑 쌓기'가 있다.

종이에 간단하게 친절 막대를 그린 후 냉장고에 붙여 놓는다. 아이가 친절을 실천하면 스티커를 붙이며 이야기를 나눈다. 아이의 행동을 격려한다. 아이의 이야기를 들으며 구체적인 칭찬도 해준다. 이 과정을 통해 아이가 자신의 친절을 돌아볼 수 있게 한다.

도움을 주는 방법과 도움의 이유를 묻고 그 의미를 되짚어 보는 것이 중요하다. 돕는 행위만큼 중요한 것은 도움받는 사람을 배려하는 태도임을 알게 해준다.

나누고 베푸는 태도는 단지 자선 행위에 그치지 않는다. 나눔과 배려를 통해 친구를 아끼고 사랑할 줄 알게 된다. 이러한 아이는 관계 맺기에 서툴지 않다. 달리 애쓰지 않아도 친구들 편에서 찾아온다.

관계성 좋은 아이로 키우고 싶은가?

나눔과 배려를 가르쳐라. 아이에게 지금 당장은 물론, 장차 행복한 미래를 열어갈 바탕이자 동력이 된다.

나는 그 어떤 경우에도 이야기를 나누는 것만으로 배우지 않았다.
내 모든 배움은 그 대화 중 질문을 던지면서 비로소 시작되었다.

-루 홀츠-

챕터 4. 관계 열매 맺기

좋은 관계를 오래

유지하기 위한 비법

상호작용을 높이는 말놀이 하브루타 다섯 가지

아장아장 걸어가는 아이가 내 손을 잡았다. 눈이 마주치는 순간, 아이가 "엄마" 하고 불렀다. 그 기쁨은 어떻게 표현할 수가 없었다.

모든 것의 처음은 그렇게 감동으로 오래 남는다.

아이가 옹알거리더니 어느 날부터인가 단어를 말한다. 어느 틈엔가 문장을 구사한다. 부모로선 감동이요, 감격의 순간이다. 언어 발달이 잘 이루어지고 있다는 사실이 크나큰 감사이다.

언어에 못지않게 중요한 발달 단계가 있다. 상호작용 능력이다. 일방적인 말이 아니라 주고받는 상호작용의 발달도 눈여겨봐야 한다.

관계가 서툰 아이는 자신 없는 말투나 혼잣말을 많이 한다. 사회적 상호작용이 부족하기 때문이다.

교육 심리학자 비고츠키(Vygotsky)에 따르면, 인간이 정보와 지식을 학습하는 과정들은 말 혹은 언어를 통하여 주변에 있는 다른 사람들의 도움을 받는다고 했다. 즉 사회적 상호작용을 통하여 이루어진다는 의미이다.

아이는 부모, 형제, 가족, 그리고 교사와 주로 대화를 나눈다. 대화를 통한 상호작용으로 사회적 지식과 인지 기능들을 형성한다. 이러한 과정이 내면화되면서 자기 생각과 행동을 만들어 간다.

아이의 사회적 언어는 부모, 형제의 말대로(외부 조정) 움직이는 단계에서 출발한다. 이어 자기중심의 말(중간 언어)로 발달하고, 속말(자기 조정)의 단계로 형성된다.

그 단계를 살펴보면 다음과 같다.

0~3세는 사회적 언어 이전 단계로 생각을 구체적인 언어로 구성하지 못한다.

3~7세는 자기중심적 언어 단계이다. 타인을 크게 의식하지 못한다. 예컨대 아이는 놀이를 하는 동안 자신의 생각을 크게 소리 내어 말한다.

7세 이후는 내적 언어 단계로 속말을 한다. 또한 다른 사람들과 의사소통을 하기 위해 공개적으로 말하게 된다. 이러한 과정을 통해 자기 조정의 단계를 겪는다.

아이는 자기중심적 단계를 거쳐 내적 단계로 접어든다. 서로 말을 주고받으면서 관계성을 높이는 사회적 언어를 구사한다. 이를 향상, 발전시키기 위한 하브루타 말놀이를 몇 가지 안내해 본다.

1단계 단어 말놀이

▶ (시장)에 가면

시장에 가면 볼 수 있는 단어들을 나열하는 말놀이.

예를 들면 "시장에 가면 배추도 있고, 무도 있고, 사과도 있고, 우산도 있고...."

이렇게 하나씩 주고받으면서 알고 있는 단어를 연상하게 한다.

시장이라는 장소만 우리 집, 어린이집, 마트, 과일가게 등등으로 바꾸어 주면 된다.

2단계 상태어 말놀이

▶ 원숭이 엉덩이는 빨개

어릴 적 많이 했던, 단어와 상태를 연결하는 놀이다.

원숭이 엉덩이는 빨개, 빨간 건 사과, 사과는 맛있어, 맛있으면 바나나....

한 사람이 먼저 어떤 말이든 시작하면 된다. 아이의 이름을 넣어 말해 주면 더 즐거워한다.

예를 들어 소라 "얼굴은 사랑스러워 → 사랑스러운 건 ___"

이렇게 연결한다.

3단계 문장의 호응 관계 말놀이

▶ 참, 거짓 말놀이

피노키오가 거짓말을 하면 코가 길어지는 동화를 기억할 것이다. 한 사람이 상황에 맞지 않는 말을 붙여서 하면 상대방이 참과 거짓을 표시하는 놀이다.

틀린 말을 해 들키면, 그 사람의 코에 스티커를 붙이면서 코가 길어지게 한다.

"은지의 코는 2개입니다."

예를 들어 이렇게 말하면 아이가 O 또는 X를 선택하게 한다. X를 선택하면 말한 사람의 코에 스티커를 붙인다. 이때 아이는 상대의 말을 고쳐야 한다.

"은지의 코는 1개입니다."

4단계 다양한 문장 늘려가기

▶ 기차 말놀이

기차의 긴 모습처럼 한 구절씩 붙여서 늘려가는 말놀이.

한 사람이 먼저 문장을 제시한다.

"기차가 달립니다."

다음 사람들이 이어받는다.

"기차가 빨리 달립니다."

"노란 기차가 빨리 달립니다."

이렇듯 앞사람의 말에 자신이 하나씩 덧붙여 문장을 늘려간다.

5단계 질문으로 바꾸기 놀이

▶ 까바 놀이

아이가 질문을 할 수 있도록 문장을 바꾸어 보는 놀이.

한 사람이 무조건 '다' 또는 '요'로 문장을 마치는 것이다. 그러면 상대편이 그 문장을 그대로 복사해서 말끝을 '까'로 바꾸는 놀이다.

의사소통을 위한 상호작용 시 아이가 질문하는 것을 어려워하는 경우가 많다. 그래서 하브루타 선생님들이 가장 쉽게 많이 하는 놀이다.

"우리 집 자동차는 검정색입니다."

상대방은 이렇게 바꾼다.

"우리 집 자동차는 검정색입니까?"

그리고 대화를 한다.

"왜 우리 집 자동차는 검정색일까?"

까바 놀이는 생각의 꼬리를 무는, 생각을 확장시키는 말놀이다.

하브루타는 짝을 지어 대화하는 것으로 출발한다.

하브루타 말놀이로 상호작용을 할 때, 아이와 부모가 1:1로 짝을 짓는다. 시작하기에 앞서 눈을 마주 본다. 손을 잡으면 더 좋다.

마주 보고 상대방의 시선을 따라가면서 하는 말놀이는 서로의 마음을 열게 한다. 교대로 순서를 바꿔 이야기하다 보면 상호작용 능력이 향상된다.

부모와의 즐거운 말놀이 경험은 상호작용을 도와주는 표정이나 몸짓까지 익힐 수 있다. 또한 자신의 의사를 표현할 수 있는 힘을 기르게 된다. 다른 사람의 말을 주의 깊게 듣는 능력도 키워진다.

관계에 서툰 아이에게 하브루타 말놀이를 권한다. 이는 사회성, 상호작용 능력을 높여줘 결국 관계 맺기에 자신감을 갖게 한다.

아이의 관계성을 열어주는 질문 꾸러미

"하루를 보내면서 아이에게 어떤 질문을 하시나요?"

부모교육 강의에서 묻곤 한다.

"오늘 재미있었어? 오늘은 뭐하고 놀았어? 급식으로는 뭘 먹었니?"

엄마들의 대답은 대개 비슷하다. 가끔 말썽꾸러기 남자아이의 부모는 "오늘은 친구들과 싸우지는 않았어?"가 일상의 질문이라고도 했다.

질문은 생각을 키우고 확장시키는 힘이다.

질문에 익숙한 아이는 상대에 대한 관심이 많다. 상대의 의견을 물을 줄 알고, 대답의 의도를 파악할 줄 안다. 따라서 질문은 대인관계에서 긍정적이며 미래 지향적인 대화를 나눌 수 있는 능력이다.

질문하고, 질문하고, 또 질문하자.

부모가 던져주는 질문 꾸러미는 보물 지도이다. 아이 속에 숨어 있는 보물을 찾아내도록 안내해 준다.

　아이가 지내온 시간과 행동을 확인하는 과거형 질문도 괜찮다. 그러나 더 좋은 것은 앞으로의 시간을 기대하는 미래형 질문이다. 부정보다는 긍정의 질문으로 아이의 미래를 스스로 떠올려보게 한다.

쉽고 간결하지만 따뜻한 일상 질문 꾸러미

　질문 꾸러미를 열어갈 때는 눈을 맞추고 온화한 표정으로 시작한다. 아이와의 교감이 중요하다.

　아이의 뒤통수를 향한 질문은 질문이 아니다. 추궁이다. 질문과 추궁의 차이는 묻는 태도이며 의도에 달려 있다. 같은 질문이더라도 하는 사람의 태도와 의도에 따라 상대가 느끼는 감정이 다르다. 따라서 아이에게 하는 질문은 쉽고 간결해야 하고, 무엇보다 따뜻해야 한다.

　아이에게 어떤 질문을 하느냐?

　이는 아이의 생각과 태도에 영향을 준다. 특히 일상의 질문이 중요하다. 아침부터 저녁까지 부모가 아이에게 해줄 수 있는 일상 질문에 관심을 기울일 필요가 있다. .

◆ 아침 질문 꾸러미

　아침이 되어 아이를 깨울 시간이다. '똑똑' 아이방을 노크하고 문을 연다.

"엄마가 들어가도 될까?"

잠이 덜 깬 아이는 대답하지 않을 수 있다. 대답을 얻기보다는 존중을 표하는 질문의 모습을 부모가 먼저 보여준다.

아이의 볼에 뽀뽀를 하며 곁에 앉는다.

"아침이야. 일어나야지?"

아이의 눈을 보며 밝은 목소리로 묻는다.

"오늘은 어떤 좋은 일이 기다리고 있을까?"

"오늘 내가 할 수 있는 좋은 일은 무엇일까?"

"오늘 꼭 하고 싶은 일은 어떤 것이니?"

아침의 기분은 하루의 감정을 결정한다. '오늘'이라는 시간은 아이에게 허락된 새로운 선물이다. 이 선물을 어떻게 열어줄 것인가는 부모의 선택이다.

아이의 하루를 질문 꾸러미로 열어주자. 좋은 질문 꾸러미는 아이에게 하루의 기대감을 심어준다. 기분 좋은 하루의 시작은 만나는 사람들에게 먼저 미소로 인사할 마음을 갖게 한다. 아이의 하루는 긍정적인 관계로 가득할 것이다.

◆ 저녁 질문 꾸러미

"오늘 하루 배운 것은 어떤 것이야?"

"어제보다 더 나아졌다고 생각한 건 무엇이니?"

"너는 오늘 누구에게 좋은 영향을 주었어?"

"오늘 너에게 가장 의미 있는 일은 무엇이었니?"

하루 일과를 마치고 돌아온 아이를 꼭 안아준다. 아이의 목욕을 도와주거나 함께 저녁을 먹으며 이런 질문을 한다. 이마저 시간이 허락지 않는다면 잠자리 인사를 하기 전 침대에서도 괜찮다.

저녁 질문 꾸러미를 통해 아이는 하루의 일과를 기억한다. 잘한 점과 반성할 바를 분별한다. 이를 통해 판단의 기준이 생긴다.

생각을 확장시키는 꼬리 질문

관계를 이끌어 가는 힘은 타인에게 있지 않다. 자기 자신으로부터, 특히 스스로를 아는 것에서 시작한다. 그러기 위해선 자신에게 질문을 던질 줄 알아야 한다. 아직 스스로에게 질문하는 게 서툰 아이에겐 부모의 좋은 질문과 그 질문에 꼬리를 달아주는 것이 필요하다.

질문은 상대의 마음을 열어 좋은 관계를 얻어낼 수 있다.

마음을 열고 관계를 여는 따뜻한 질문의 꾸러미를 풀고 나면 질문에 꼬리를 달아준다. 부모가 할 수 있는 꼬리 질문은 여러 가지가 있다.

질문 후 아이의 대답을 들으면 "왜 그렇게 생각했어?"라고 의도를 묻는다. '왜?'라는 질문 꼬리는 아이의 말을 신뢰한다는 표현이다.

생각에 이유를 묻는 것은 아이에게 '엄마 아빠는 너의 생각을 존중해'라는 마음을 포개는 것이다.

이유를 알고 나면 문제를 해결하는 질문 "어떻게 하는 게 좋을까?"로 연결한다. '어떻게?'라는 질문 꼬리는 문제를 해결하는 방법으로, 아이와 부모가 같을 수도 있고 다를 수도 있다. 다르다면 아이 스스로 문제 해결 방법을 찾도록 도와준다.

마음의 상태나 상황에 대해 질문하고, 이유를 묻고, 문제 해결 방법을 묻는 부모의 꼬리를 무는 태도가 아이를 성장시킨다. 질문의 꼬리를 달아 생각을 열어주고 관계에 신뢰가 더해지도록 하자.

하브루타하는 친구(하베르) 만드는 비법

집 근처 식당에 앉아 밥을 먹는 중이었다.

옆 테이블에 3대가 함께 식사하고 있었다. 아장아장 우리 쪽으로 걸어온 아이가 일곱 살 막내에게 친근감을 드러냈다. 손으로 어깨를 만지고 계속 얼굴을 앞으로 들이밀었다.

아이의 할머니가 웃으며 말을 건넸다.

"낯가림이 심한 편인데, 별일이네요. 역시 애들은 애들이 좋은가 봐요."

이러한 관심은 영아기부터 시작된다. 어른보다는 언니 오빠처럼 자신과 연령이 비슷해 보이는 사람에게 적극적으로 반응한다. 또래와 있으면 웃는 횟수가 많고 자연스럽게 떠들어 댄다. 친구가 필요한 것이다.

하버드대학 교육심리학 교수인 셀만(L. Selman)의 '우정의 발달 단계'를 살펴보면 친구의 의미와 인지적 반응은 나이에 따라 차이가 있다.

3세 이후부터 '지금 여기 나와 함께 놀고 있는 친구'로 인식한다.

신체적 근접성에 근거한 친구 개념이다. 상대에 대해 의식하긴 하지만, 자신의 의지와 무관한 여전히 공간과 시간의 공유로 받아들이는 수준이다. 평행놀이를 하는 이유기도 하다.

4세가 넘어가면 자아 개념이 강해서 자기주장이 커진다.

일방적인 도움의 단계이다. '요구하는 것과 자기 말을 들어주면 좋은 친구'라는 개념을 형성한다.

6세 이후부터는 상호 협동이 가능한 시기로 '우정은 주고받는 것'으로 인식한다.

비로소 관계의 단계에 접어든 셈이다. 비밀을 공유하기도 하고 생각과 느낌, 관심사를 나누기도 한다. 무엇이든 함께하려는 단계로 우정의 기초를 형성하게 된다.

9세가 넘어가면 친밀하고 상호적이다.

지속적인 관계를 유지하려 노력한다. 친구를 위해서 이타적 행동을 하고 친근한 유대 관계를 형성한다.

12세 이후부터는 관계의 의미가 확장된다.

서로에게 의존하면서도 자율성을 존중하는 단계로 발달한다.

우정 발달에 영향을 주는 요인이 있다. 또래와의 상호작용 경험, 놀이를 시작하고 지속하는 기술, 또래와의 갈등을 해결하는 능력이다.

요즘 아이들은 엄마들이 모임을 이루고 그 모임의 아이들이 함께 어울리며 친구 관계를 만들어 간다. 핵가족 시대에 어쩔 수 없는 선택이다. 따라서 유아 교육기관이나 초등학교 입학 시 첫 학부모 모임을 열심히 나가는 이유를 굳이 밝히지 않아도 알 만하다.

부모가 중심이 되어 만들어 주는 친구 관계는 어떠할까? 부모가 만들어 주는 친구는 함께 있는 동안 잦은 다툼이 생길 수 있다. 그 다툼으로 애들 싸움이 어른 싸움이 되는 경우도 많다.

친구는 부모가 원하는 상대를 사귀는 것이 아니다. 친구의 선택은 아이가 중심이 되어야 한다.

친구는, 아이가 가정이라는 문턱을 넘어 처음으로 마주하는 대상이다. 부모가 아닌 친구를 통해 사회와 대면하는 셈이다. 따라서 친구 관계는 장차 아이의 사회성과도 긴밀하게 연관되어 있다.

부모가 아이 중심의 친구를 만들게 해주고 싶다고 치자. 그러나 아이 편에서 선뜻 다가가지 못할 때가 있다. 혹은 관계를 맺더라도 유지하지 못하는 경우도 있다. 아이의 기질 탓일 수도 있다. 그러나 관계는 노력에 의해 좋아진다. 특히 부모의 태도와 노력에 의해 얼마든지 좋아질 수 있다.

아이의 좋은 친구 맺기를 위해 부모가 할 일

아이에게 좋은 친구를 만들어 주고 싶은가?

관계 맺기와 유지를 위해 다음 세 가지를 기억하자.

첫째, 부모의 시선으로 친구를 평가하지 않기.

친구들과 함께 노는 아이는 상대의 생각을 이해하고, 그로 인해 자신의 생각을 바꾸기도 한다. 또한 아이는 친구와 놀이를 통해 감정을 조절하는 방법을 배운다.

"자꾸 밀고 꼬집는 친구랑은 놀지마, 나빠."

부모는 내 아이에게 해코지하는 친구가 마음에 안 들 수 있다. 자꾸 밀고, 때리고, 상처내는 아이와 떼어놓고 싶을 수 있다. 그러나 갈등이 빚어진 사건은, 아이의 입장에서는 하나의 상황일 뿐이다. 친구와 놀이를 끝낼 일로 여기지 않는다.

그러므로 부모의 눈으로 아이의 친구를 판단하지 말아야 한다. 아이는 갈등과 화해 속에서 관계를 배운다.

둘째, 친구와 비교하지 않기.

유대인들은 '베스트'가 아닌 '유니크'를 지향한다. 친구보다 잘하는 것을 칭찬하지 않는다. 각자의 개성을 인정해 준다. 따라서 아이를 친구와 절대 비교하지 않는다.

아이는 친구와 비교를 당하면 좋은 감정으로 관계를 지속하기 어렵다. 좋았던 친구 관계가 경쟁 관계로 변해버린다. 경쟁으로 치우친 관계는 시기와 열등감에 빠져 바람직한 친구 관계를 만들 수 없다.

셋째, 우정을 넘어 협력관계로 발전시키기.

"친구와 사이좋게 놀아라."

부모가 아이에게 입버릇처럼 하는 말이다. 이 말은 '사이좋게'에 집중되어 있다. 친구를 대하는 태도만을 의미한다.

부모는 친구의 의미부터 제대로 가르쳐줘야 한다. 함께 놀이를 하고, 협력해 문제를 해결하고, 때로 논쟁을 경험하며 아이는 친구 관계를 이뤄간다. 즉 진정한 친구의 의미는, 서로를 성장시키는 좋은 파트너이다. 아이가 친구와 함께 성장하도록 도와주어야 한다.

하브루타 친구 만들기 과정

하브루타는 '친구'라는 뜻의 히브리어 '하베르'에서 유래된 말이다.

유대인에게 친구는 서로 가르치고 배우는 관계를 의미한다. 서로 가르치고 배우는 단계로 나아가기 위해 친구와 질문하고 대화하고 토론을 한다. 이를 통해 친구 관계는 자연스럽게 발전한다.

내 아이의 '하베르(친구)' 만들기 과정은 이렇게 진행하자.

◆1단계 / 대화 친구 만들기

- 같은 책을 읽는다.

- 책에서 나온 이야기로 대화를 나눈다.

1단계는 대화가 잘 통하는 친구와 공통의 주제로 책을 읽고 이야기 나눌 수 있는 경험을 하게 한다.

책의 종류는 상관없으나 대화의 주제가 풍성하면 좋다. 같은 책을 같은 공간에서 함께 읽는다는 점이 공감대 형성에 도움이 된다. 책을 먼저 읽고 만나면 좋겠지만 읽어야 한다는 부담이 자칫 역효과를 낼 수 있다. 이런 경우 자연스러운 대화는 어렵다. 이때는 시중에 나온 독서 질문 카드를 활용하길 권한다.

◆ 2단계 / 질문하는 친구 만들기

- 같은 분량을 소리 내어 읽는다.

- 5분 정도 시간을 주고 각자의 질문을 만든다.

- 한 사람씩 번갈아 가며 자신의 질문을 읽는다.

  (이때 왜 그 질문이 궁금했는지 질문의 의도를 다시 물어도 좋다.)

- 같은 질문으로 대화한다.

  ('멋진 질문이야', '질문이 탁월하다', '미처 생각지 못한 부분이야'라는

  식으로 서로를 칭찬해 준다.)

- 상대방의 질문 중 최고의 질문을 뽑아서 같이 대화한다.

질문은 마음을 열고 생각을 나눌 수 있게 한다.

친구와 질문하고 답하는 하브루타를 통해 서로를 더 잘 이해하게

된다. 친구와 질문하고 대화를 넘어 토론하게 되는 과정을 상상해보자. 두 친구는 어떤 관계로 성장할지 상상만 해도 흐뭇하다.

◆ 3단계 / 서로 가르치는 친구 만들기

- 함께 공부할 부분을 읽고 스스로 정리한다.

- 서로 번갈아 가면서 전체 내용을 설명한다.

- 가르칠 분량을 서로 나누고 자신이 맡은 분량을 선생님이 되어 가르친다. (이때 상대편은 학생의 입장이 되어 배우면서 질문한다.)

친구에게 가르쳐 주는 것은 말로 설명하고 표현하는 과정이다.

서로 분량을 나누어 번갈아 가르치는 과정에서 협업과 소통을 배우게 된다. 파트너십을 이루어가는 과정이다. 친구는 경쟁 관계가 아니라 함께 성장하는 관계임을 알게 된다.

◆ 4단계 / 토론 친구 만들기

- 토론할 글이나 책을 정한다.

- 텍스트를 함께 읽고 번갈아 가며 설명한다.

- 질문 만들고 나눈 후 토론한다.

- 토론 중 상대 의견에 지지한 후 반박한다. (근거를 제시하여)

- 토론 후 나온 의견을 정리하고 서로 소감을 말한다.

친구와의 토론은 좋은 개념과 가치를 얻게 한다.

흔히 토론이라고 하면 찬성과 반대를 떠올리게 된다. 하브루타로 하는 토론은 질문을 통해 자신의 느낌과 생각을 나누고 더 좋은 생각을 찾아내는 과정이다. 따라서 상대 의견에 반박하기 전에 지지하는 의견을 더해야 한다. 상대의 주장에 나의 근거를 더함으로써 경쟁이 아니라 서로 배우는 상호 협력 관계를 먼저 알려준다.

유대인들의 가정과 학교는 관계를 중요시한다. 관계가 먼저 이뤄질 때 질문이 나오고 토론이 되기 때문이다. 안정적인 관계를 통해 아이들은 마음껏 꿈을 향해 달려갈 수 있다.

'친구 따라 강남 간다'는 말이 있다. 자의적 선택이 아닌 친구의 뜻을 따른다는, 부정적 의미이다. 친구와의 관계가 왜곡되었을 때, 이러한 현상이 나타난다.

상호 협력 관계가 제대로 이뤄진 우정이라면 어떠할까. 무조건 친구를 따라가는 것이 아니라 강남 가는 친구를 설득할 수 있을 것이다.

또래 상호작용을 위한 '짝놀이' 하브루타

유아는 다른 유아와 놀이를 통해 사회적 관계를 형성한다. 문제 해결 능력도 키운다.

특히 협력 놀이를 통해 다른 사람과의 관계를 배운다. 따라서 친구의 생각과 정서를 이해하는 놀이를 통해 관계성을 발달시켜 줄 수 있다.

4세 이상의 아이들은 상상력이 풍부해지기 시작한다. 그렇기 때문에 역할 놀이나 상상 놀이를 한다. 이러한 놀이를 통해 자신이 속한 사회와 역할을 이해한다. 사회적 상호작용과 규칙을 배우며 친구를 배려한다.

6세 이상의 아이들은 각자의 역할을 나눠 목표를 이루는 놀이를 하려고 시도한다. 이를 통해 성취감이 높아지고 사회성도 발달한다. 따라서 놀이는 아이에게 즐거움을 주는 동시에 성장의 디딤돌 역할을 한다.

또래 놀이가 발달하기 시작하는 유아들은 자기중심적이다. 놀이 참여가 활발해지면서 한편 자아가 발달해 자기주장도 강해진다. 친구들과 다툼이 생기는 이유다.

아이의 다툼이 시작되는 시기의 부모들은 다음의 원칙을 기억하자.

첫째, 속상한 감정을 그대로 수용하고 인정해 준다.

부모는 언제나 아이 편이다. 아이 역시 그렇게 받아들이고 있을까. 친구와 싸웠다면 아이의 속상한 마음을 먼저 읽어줄 때, 아이는 부모를 자기 편으로 인식한다.

"왜 친구와 싸우게 된 거야?"

이유를 묻고, 어떻게 하고 싶었는지 아이의 의사를 묻는다.

둘째, 아이의 싸움에 개입하지 않는다.

다툼에서 아이의 친구를 불러 혼내지 않는다. 친구와의 다툼에 부모가 개입하는 것은 갈등 해결에 도움이 되지 않는다. 아이를 위로하고 비슷한 상황에서 어떻게 해결하는 것이 좋을지를 하브루타 대화로 연습해 보면 좋다.

셋째, 억지로 화해시키지 않는다.

아이들은 별다른 화해 과정이 없어도 시간이 지나면 아무 일 없던 것처럼 다시 어울린다. 성급한 화해는 오히려 아이에게 부담이 되므로 부모의 인내가 필요하다. 아이가 감정을 극복할 시간을 주는 것이 현명하다.

넷째, 또래 관계에 다시 들어갈 수 있는 공통점을 만들어 준다.

아이가 또래 집단에서 떨어져 나왔다면 강제로 아이의 등을 떠미는 것은 좋지 못하다. 아이들의 관심사를 통해, 일테면 애니메이션 캐릭터부터 스티커까지 아이들이 함께 놀이로 어울릴 수 있도록 자연스러운 기회를 주는 것이 좋다.

잘 놀다가 다투는 아이, 친구의 장난감을 뺏는 아이, 친구를 때리는 아이.

부정적으로만 볼 일이 아니다. 아이가 또래 관계를 적극적으로 시작했다는 건강한 신호이기 때문이다. 이때부터 아이는 친구와 놀이에 필요한 상호작용을 연습해야 한다. 부모는 그 연습의 기회를 만들어 주는 것이다.

그러기 위해서 부모는 아이와 상호작용을 연습할 필요가 있다. 이러한 경험이 그대로 또래 관계에서도 적용되기 때문이다.

하브루타 짝놀이는 아이와 아이가 짝을 지어 대화하고 놀이하는 것을 목표로 삼는다. 1단계로 부모님과 놀아보고, 2단계로 친구를 집으로 초대해서 함께 놀이에 참여한다.

【예시 / 너랑 나랑 연주회 놀이】

1단계 - 집에 있는 악기를 모아놓고 엄마와 이야기를 나눈다.

　　Q. 어떤 소리의 악기일까?

　　Q. 어떻게 하면 소리가 나는 것일까?

　　Q. 소리를 들으면서 떠오르는 것이 있니?

　- 좋아하는 음악을 골라 본다.

　　Q. 무슨 음악에 맞춰 소리를 내볼까?

　　Q. 어떤 악기를 연주해보고 싶니?

　　Q. 어떻게 하면 더 신나게 연주할 수 있을까?

　- 연주를 마친 후

　　Q. 악기를 연주하니 기분이 어땠어?

　　Q. 친구 누구와 함께 연주해보고 싶어?

2단계 - 친구를 초대한다.

　　Q. 친구야, 어떤 악기가 좋아?

　　Q. 왜 ____ 악기가 좋아?

　　Q. 같이 소리를 내면 어떨까?

　　Q. 어떻게 하면 더 재미있게 연주할까?

　　Q. 같이 연주하니까 기분이 어때?

예시 활동으로 〈너랑 나랑 연주회〉 놀이 외에도 추천해 줄 놀이가 있다.

▶ 글자 없는 그림책을 활용한 〈나도 작가〉 놀이
▶ 미술 활동을 연결한 〈우리끼리 미술관〉 놀이

〈나도 작가〉는 그림책의 이야기를 꾸며서 들려주는 놀이다. 아이의 표현력에 도움을 준다.

〈우리끼리 미술관〉은 놀이하면서 그림을 그리고 작은 전시회를 하는 놀이다. 서로의 그림에 대해 묻고 답하는 놀이를 통해 친구를 이해할 수 있다.

추천 놀이 두 가지도 〈너랑 나랑 연주회〉처럼 부모가 먼저 묻고 답하는 짝 대화를 한 후 초대할 친구를 정한다. 그리고 직접 친구와 짝놀이 하브루타를 할 수 있게 도와준다.

아이는 부모와의 경험을 바탕으로 친구와 함께 할 놀이를 배운다. 친구와 성공적인 놀이 활동을 경험해 본 아이는 대인 관계에서도 자신감을 갖는다.

아이의 관계를 위해 어떤 노력을 해주고 있는가?

"너희끼리 놀아" 대신 "엄마와 함께 한 놀이를 친구와 나누어보렴" 하고 이야기해 주는 멋진 부모가 되길 바란다.

활발한 의사소통을 위한 가족 문화 하브루타

'가족은 우리의 상호작용 방식을, 그리고 우리가 누구인지를 결정하는 최초의 사회 집단이다.'

문화 인류학자 마거릿 미드의 말이다.

가족은 아이가 가장 먼저 접하는 사회 공동체이다. 아이는 가족을 통해 관계성을 배운다. 따라서 가족 구성원이 어떠한 마음과 태도로 아이를 대하느냐에 따라 아이의 관계성이 달라진다.

특히 아이는 부모의 안정감과 애정 속에서 관계를 맺는 기쁨을 알아간다. 이는 성격 형성은 물론 아이의 사회성에도 긍정적인 영향을 미친다. 관계의 기쁨을 경험한 아이는 낯선 이와의 관계 맺음을 어색하게 여기지 않게 된다. 두려움이 아닌 기쁨을 마주할 기회로 받아들인다.

가족 공동체 안에 형제자매 사이의 다툼, 부부간의 갈등, 부모의 권위적 생각과 말투가 되풀이되면 공감과 소통은 사라진다. 불통 가족, 고통 가족으로 되어 버린다.

　불통의 관계 속에서 받는 스트레스, 해결되지 않은 갈등, 불안한 감정 등은 아이의 성격 형성에 당연히 좋지 않은 영향을 미친다. 이런 상태가 지속되면 아이는 관계가 서툰 모습으로 성장한다. 사회 부적응, 심지어 반사회적 성향으로까지 진전되기도 한다.

건강한 가족 관계가 먼저다

　가족 관계에서 받는 스트레스는 여러 가지가 있겠으나 그중 부부 싸움은 아이에게 큰 영향을 미친다.

　부부의 갈등이 심각한 가정에서 자란 아이는 자존감이 낮다. 더불어 감정에 대한 이해도가 떨어진다. 불안한 감정이 다른 감정들을 지배하고 억누른 결과이다. 욕구의 불만이나 분노를 조절하는 방법을 배우지 못한 채 공격성만 커져 폭력적인 아이가 된다. 또한 불안이나 두려움으로 대인 관계 자체를 거부하기도 한다.

　낮은 자존감과 불안감에 계속 노출된 아이는 타인과 소통하는 능력이 부족하다. 부모의 다툼처럼 타인은 그저 고통을 안겨주는 존재로 파악한다. 따라서 아이 스스로 관계를 원치 않거나 피한다. 당연히 친구와의 좋은 관계를 이루지 못한다.

　아이의 좋은 관계성과 행복한 삶을 위해서는 건강한 가족 관계를 만들어야 한다.

행복한 가족관계를 맺기 위한 세 가지 방법을 소개한다.

첫째, 가족 공통의 취미를 갖는다

가족이 함께할 수 있는 취미 활동을 시작해 본다. 악기 배우기, 다양한 퍼즐 조각 맞추기, 그림 그리기도 좋은 방법이다. 취미 활동은 공통의 관심사를 끄집어낸다. 이를 통해 다양한 이야깃거리가 생긴다.

한 가지의 과업을 마치게 될 때, 가족 공통의 성취감도 맛본다. 이런 교감을 통해 가족의 친밀감은 높아진다.

둘째, 일상 놀이 문화를 만든다

바쁜 일과를 마치고 집으로 돌아온 가족들의 일상을 떠올려보자.

TV 시청, 컴퓨터 게임, 스마트폰 사용…. 가족이 한자리에 둘러앉아 이야기를 나눈 시간이 얼마나 될까.

가족과의 일상적인 대화는 스트레스와 문제 해결에 도움을 준다. 그러나 가족이 함께 하는 문화는 점점 희박해지고 있다. 집 안에서도 각자의 공간으로 흩어져 공동의 대화 시간은 점점 줄어들고 있다. 이러한 대화의 부재로 아이는 문제 해결의 도움을 받지 못한다. 불만과 불안감이 높아진다. 정서적 우울감에 빠져들어 부정적 감정을 갖게 한다.

어떻게 가족이 한 공간에서 공동의 화제를 이끌 것인가.

주목할 해결책으로 일상 놀이가 있다. 부모와 아이가 함께 참여할 수 있는 놀이를 찾는다. 놀이를 통해 생긴 화제로 자연스러운 대화를 이어갈 수 있다. 아이는 부모와 함께 하는 일상 놀이 속에서 자신이 사랑받는 존재임을 느낀다. 부모와의 관계에도 안정감을 갖는다.

일과를 마친 후 일상 놀이로는 보드게임이 좋다. 부모와 아이가 게임 방법을 서로 한 번씩 설명하도록 하면 자기표현력과 경청 능력, 언어의 이해 능력을 키울 수 있다.

게임의 정해진 규칙만을 따를 필요는 없다. 하브루타 대화를 통해 규칙을 변형시킨다면, 아이의 창의성과 융통성이 길러진다. 서로의 의견을 존중하고 타협하며 대화할 수 있다. 게임을 진행하면서 문제 해결 능력도 좋아진다. 사회적 규칙도 자연스럽게 터득한다.

셋째, 가족의 날을 만든다

1주일에 한 번도 좋고 한 달에 한 번도 괜찮다. 온전히 가족에게만 집중하는 날을 갖는다. 그 시간 동안 개인의 일은 접어둔다.

가족 여행은 친밀감을 높이는 좋은 방법이다. 여행하면서 아이가 부모를 바라보는 모습, 부모가 바라보는 아이의 모습을 진솔하게 나눠본다.

영화 보기도 추천한다. 영화 관람 후 하브루타 대화와 토론으로 연결한다. 영화에서 느낀 점과 소감을 나눈다. 서로 질문을 통해 영화를 자신의 눈으로 해석하고, 가족들의 다른 생각을 이해하고 공유하는 시간을 갖는다.

온전히 가족들과의 시간에 집중하는 것이 중요하다. 건강한 가족은 부모와 아이가 서로 이해하고 공감하는 것에서 시작된다.

■ 일상 놀이를 위한 추천 보드게임

협력 보드게임

크루소 해적단/블루 오렌지 게임즈

여러 캐릭터가 협력하여 하나의 목표를 이루어가는 게임이다. 게임에 들어 있는 게임 북의 내용을 읽고 추리하고 기억하고 판단해 공동의 목표를 서로 이뤄내야 한다. 집중력, 논리력, 기억력에 도움이 된다.

전략보드게임

킹도미노/행복한 바오밥

각 유형의 면적을 넓게, 또 가능한 한 많은 왕관을 차지하는 게임이다. 승리하기 위해 무조건 넓게 확장하는 것도, 많은 왕관을 차지하는 것도 아니다. '전략'이 필요하다. 차분하게 생각하며 진행하는 게임으로 문제 해결 능력을 키워준다. 대화를 통해 찾아낸 문제 해결 방법은 가족 간의 신뢰 형성에 도움을 준다.

메모리게임

라이프 온 어스/이부

24쌍의 타일을 뒤집어 놓은 후 2장의 카드를 뽑아 같은 그림이 나오면 가져가는 게임이다. 타일을 많이 가져간 사람이 이기는 게임으로 단순하지만 완성된 그림을 통해 스토리텔링이 가능하다. 이 스토리텔링의 과정은 자기표현력을 높인다. 실수를 통해 자기 조절력을 키울 수 있다.

스피드게임

크레이지 에그/행복한 바오밥

하얀 계란판 속에 말랑말랑한 달걀 하나를 준비하고 액션 주사위와 위치 주사위를 던진다. 주사위 속에 나온 몸의 위치에 달걀을 끼운 후 액션 주사위에 나온 행동을 하면 된다. 스피드 게임, 표현력 게임을 진행하며 가족 모두 실컷 웃을 수 있다. 웃음은 끈끈한 가족애를 형성한다.

스토리게임

느림보 영웅/QB 보드게임

느리기만 한 나무늘보는 영웅이 되어 친구들을 돕고 싶어한다. 순서에 맞게 주사위를 굴려 말을 이동하는데 자신의 말이 어느 색인지 말하지 않고 움직이게 된다. 게임의 룰은 느림보 영웅이라는 제목처

럼 늦게 도착하는 친구가 이기는 반전 게임이다. 느림의 미학, 다름
의 가치를 알려주는 게임으로 관계의 논리성을 더해 준다.

【영화 하브루타(가족 토론) 순서】

1단계 동기 하브루타	포스터를 보고 영화에 대해 상상하는 질문을 서로 나눈다.
2단계 분석 하브루타	영화를 보고 배경과 인물에 대해 질문을 나눈다. 주동 인물, 주동 인물의 목적, 방해물을 파악하는 질문을 나눈다.
3단계 심화 하브루타	가장 기억에 남는 장면과 대사로 질문을 나눈다. 영화의 주제를 생각하며 질문을 나눈다.
4단계 해석 적용	2~3단계 질문 과정에서 나타난 이야기를 통해 적용할 점을 말한다.

▣ 가족의 날을 위한 영화 추천

가족 하브루타에 적당한 영화 〈원더〉를 소개한다.

주인공 '어기'는 크리스마스보다 할로윈을 더 좋아한다. 이유는
자신의 흉한 얼굴을 가면으로 가릴 수 있기 때문이다.

엄마는 열 살이 된 어기에게 더 큰 세상을 보여주기 위해 학교에

보낼 준비를 한다. 어기를 사랑하는 누나 비아도 어기의 첫걸음을 응원한다.

가족이 세상의 전부였던 어기는 처음으로 헬멧을 벗고 낯선 세상에 용감하게 첫발을 내딛는다. 하지만 남다른 외모로 사람들에게 큰 상처를 받는다. 여기서 좌절할 어기가 아니다. 27번의 얼굴 기형 수술을 견뎌낸 긍정적인 성격으로 다시 용기를 낸다. 마침내 주변 사람들도 변하기 시작한다.

1단계 동기 하브루타 질문

- 포스터에 누가 있나요?
- 아이는 왜 헬멧을 쓰고 있나요?
- 뒤에 따라오는 여자아이는 무슨 관계일까요?
- '원더'는 무슨 뜻일까요?

2단계 분석 하브루타 질문

- 등장인물은 누구누구였나요?
- 주인공 어기는 어떤 문제가 있었나요?

- 어기를 가장 힘들게 한 인물은 누구인가요?

- 등장인물들에게는 어떤 일이 일어났나요?

- 가장 큰 갈등은 무엇이었나요?

3단계 심화 하브루타 질문

- 기억에 남는 장면은? 왜 기억에 남은 걸까요?

- 가장 기억에 남는 대사는 무엇인가요?

- 그 대사는 어떤 의미를 지니고 있나요?

- 어기는 자신에게 닥친 문제를 어떻게 해결했나요?

- 가족 모두 등장인물의 상황이라면 어떻게 했을까요?

(엄마, 아빠, 비아, 어기)

4단계 해석 적용

- 이 영화는 _____을 전해주는 것 같았어요.

- _____장면과 _____ 대사에서 그런 생각이 들었어요.

- 나는 _____상황에서는 _____ 하겠다고 생각했어요.

가족과 함께 이런 질문을 주고받으며 이야기를 이끈다.

중간에 말을 끊지 않고 끝까지 들어주어야 한다. 교훈을 섣부르게 알려주지도 않는다. 아이 스스로 관계에서 생기는 문제를 어떻게 분석하는지 살펴본다. 부모와 함께 토론하며 문제를 해결할 능력을 키운다.

영화를 총체적으로 해석한 후 정리해 본다. 자신의 생각을 정리하는 힘과 전체를 보는 통찰력을 키워줄 수 있다.

'콩 심은 데 콩 나고 팥 심은 데 팥 난다'는 말은 뿌린 대로 거둔다는 의미이다. 관계가 서툰 아이를 위해 어떤 씨를 뿌려야 할까?

가족들이 소통하며 함께 보내는 시간을 통해 아이는 자신의 감정과 가치관을 깨닫게 된다. 아이와의 대화를 자연스럽게 이끌고 활발한 의사소통을 하는 것은 자녀에게 좋은 씨앗이 되어 사회에서 원만한 관계를 이루는 좋은 열매가 된다.

마음으로 관계를 잇는 가족식탁 하브루타

아빠: 아마존에 불이 났다는 소식 들었니?

나탄: 아마존이 우리가 숨 쉬는 산소의 1/3을 생성한다고 들었어요.

아빠: 맞아. 우리가 숨 쉬는 산소의 약 20%가 아마존에서 나오는 거니까 아주 큰 사건이지.

나탄: 얼마나 많이 불에 탔어요?

아빠: 정확히는 모르겠지만, 범위가 엄청나게 넓어서 위성에서도 보인다고 하더구나.

엄마: 우주에서도 아마존에서 난 화재가 보인대.

나탄: 우선 대통령에게 이 문제에 관해 이야기해야 할 것 같아요. 제 말은 아마 이미 그렇게 하고 있을 것 같다는 말이에요.

엄마: 대통령을 만나면 어떤 얘기를 할 건데?

아빠: 어려운 문제야.

엄마: 나탄의 이야기를 듣고 싶어요.

나탄: 음, 아마존 화재가 지속된다면 우리를 포함한 지구 전체가 위험에 빠질 수 있어요. 지금 당장 행동하지 않으면 우리의 미래는 망가질 거에요.

엄마: 좋아. 엄마가 대통령이 되어볼게. (대통령 목소리로) 내가 고용한 과학자들의 말에 따르면 네가 말하는 지구 환경의 변화는 일어나지 않는다는구나. 이건 지구가 미래로 나아가기 위한 과정의 일부일 뿐이야. 이렇게 말한다면 어떻게 할래?

나탄: 음, 뭐라고 대답해야 할까. 우선 그 과학자들은 어디서 채용하셨나요? 그리고 지구의 급격한 기후 변화에 대해서는 어떻게 설명하실 건가요? 며칠 전에는 섭씨 40도였는데 다시 섭씨 15도가 되었어요. 그리고 일부 지역은 눈도 내려요.

엄마: 실제로 날씨 변화가 일어난다는 증거를 말하는 거구나.

나탄: 네. 예전에는 이런 일이 일어나지 않았으니까요.

엄마: 맞아 좋은 대답이었어.

아빠: 브라질에서 일어난 일이라고 해서 남의 일이라고 생각해서는 안 돼. 이건 우리 모두의 문제니까 말이야.

나탄: 그런 내용이 어디에 적혀 있나요? 만약 지구를 위협하는 일이 생긴다면 다른 나라가 참견할 수 있는 조약이 있어요?

엄마: 미국은 여러 나라와 그런 조약을 맺었지만 현 정부가 그걸 잘 지키고 있지는 않아. 하지만 정말 좋은 질문이었단다.

긴 대화가 오고 갔다. 부모와 아들이 주고받은 '아마존 화재'에 대한 이야기로, 2019년 방영된 〈질문으로 자라는 아이〉의 한 장면이다.

한국인 아버지와 유대인 어머니는 13살 아들 나탄 홍을 전통적인 유대인 교육 방식으로 키운다. 유대인 부모는 질문과 토론을 독려한다. 그냥 토론하는 것이 습관이라고 했다.

아마존 화재와 같은 사회문제에 대해 깊은 질문과 대화를 나누는 시간은 언제일까. 따로 시간과 장소를 정한 것일까.

놀랍게도 그들은 식탁에서 함께 식사를 하던 중이었다. 유대인의 깊은 대화는 가족 식탁에서 시작된다.

가족 식탁에서 하브루타 어떻게 할까

우리나라의 가족 식탁은 어떤 모습인가?

아침은 출근과 등교로 온 가족이 분주하다. 식탁에 둘러앉아 이야기를 나눌 시간이 없다. 저녁 역시 다르지 않다. 퇴근이 늦는 아빠, 간단하게 끼니를 때우는 엄마, 빠듯한 학원 시간표에 편의점에서 사 먹는 아이들.

주말이면 달라질까. 가족 모두가 둘러앉아 밥을 먹긴 한다. 스마트폰이나 TV에 빠져 말이 없다. 외식하러 나온 식당에서도 이런 모습들이 보인다. 숟가락을 놓자마자 이내 각자의 공간으로 사라져 버린다. 가족 식탁이 아닌 '각자 식탁'으로 변해 간다.

식탁은 단지 주린 배를 채우는 물리적 공간이 아니다. 가족의 사랑을 확인하며, 집안의 문화를 나눌 수 있는 공간이다. 아이는 공동체, 사회성을 배우고 경험한다.

아이에게 가족 식탁은 매우 소중한 공간이자 시간이다. 부모가 가족 식탁을 통해 하루를 수고한 아이에게 주는 선물이다.

그러기 위해선 식탁의 분위기가 중요하다. 우호적이며 따뜻해야 아이는 하루의 이야기를 있는 그대로 털어놓을 수 있다. 그러면서 자신을 온전히 이해하고 응원해 주는 가족이 있다는 사실을 느낀다.

가족 식탁 하브루타는 다음과 같이 해보자.

▶1단계: 모두에게 집중하는 시간

집중을 방해하는 것은 놓고 가족 식탁에 앉는다. 스마트폰이나 TV는 잠시 꺼둔다.

▶2단계: 준비와 정리는 함께

주방에서 준비부터 함께 한다. 식사 준비는 만만찮은 노동이다. 나누어 준비하게 되면 가족 간의 협업 능력이 향상된다. 일의 분담, 조율, 배려의 상황을 함께 음식을 준비하면서 배워간다.

▶3단계: 질문하고 대화한다

일상에 대해 이야기한다. 그러다 공동의 화제를 찾아낸다. 서로의 의견을 질문하며 나눈다.

질문은 아이들의 창의성을 발달시킨다. 이런 이유로 유대인은 자녀에게 깊게 생각할 수 있도록 끊임없이 질문을 던진다. 아이에게도 질문하도록 독려한다. 질문하는 과정에서 아이들은 많은 것을 배우고 성장한다.

① 동기 하브루타

 - 감사 질문

 Q: 오늘 하루 감사를 표하고 싶은 사람은 누구일까?

 - 칭찬 질문

 Q: 칭찬받고 싶은 일은 무엇이니?

② 감정 하브루타

 - 기분 점검 질문

 Q: 오늘 하루 나누고 싶은 일과 감정은 무엇이니?

 - 긍정적 감정으로 전환하는 질문

 Q: 좋았던 일, 행복했던 일, 후회되었던 일 중에서 들려주고 싶은 이야기는?

③ 생각 하브루타

함께 이야기를 나누고 싶은 키워드를 종이에 적어 놓는다. 제비를 뽑아 질문하며 대화한다. 관심 단어, 시사, 감정, 날씨, 인물, 속담, 격언 등의 다양한 언어로 각자 알고 있는 지식과 지혜를 나누고 토론한다. 앞에 예시로 나눈 유대인의 질문과 대화를 참조한다.

Q: 오늘의 키워드와 관련된 것은 어떤 이야기가 있을까?

Q: 생각의 근거는 무엇이니?

▶ 4단계: 긍정의 말로 자존감을 세워준다.

- 스킨십을 하며 따뜻한 존재를 칭찬해 준다.

"넌 존재 자체로 빛나는 아이야."

- 근거 있는 칭찬으로 가능성의 가치를 심어준다.

(예를 들어, 다른 사람으로부터 느리다는 말을 듣고 고민하는 아이에겐) "행동이 느린 것이 아니란다. 천천히 생각하며 행동하는 너는 신중한 아이야."

- 긍정적인 미래를 꿈꿀 수 있는 말을 해준다.

"멋진 사람이 될 거야. 흥미 있는 것부터 시작해보자."

가족 식탁은 가족 모두가 이야기를 나누는 것에 의미를 둔다.

하루 한 번, 가능한 한 가족이 둘러앉아 이야기하는 규칙을 세운다. 바쁜 일상으로 밖에서 저녁을 각자 먹었더라도 그냥 넘기지 말자. 귀가 후 간단한 디저트를 곁들인 티타임으로 대체할 수도 있다.

핵심은 이것이다.

하루에 한 번은 꼭 가족이 둘러앉아 이야기하는 것.

일상에서 꾸준히 실천하면 가족 사이를 가로막던 단절의 벽이 무너진다. 가족 공동체의 힘을 회복한다.

가족 식탁은 아이와 부모의 마음을 잇는 다리이다. 다리가 견고할수록 아이는 부모를 신뢰한다. 꾸준한 실천은 아이의 자존감의 온도를 높여 준다. 사회생활에서 관계로 힘들 때 잘 이겨낼 힘이 된다.

대인 관계가 좋은 아이가 되길 바라는가.

가족의 마음을 이어주는 가족 식탁 문화를 아이에게 물려주자.

애착 형성의 지름길 베드타임 하브루타

할머니의 무릎을 베고 누워 듣던 옛날이야기.

떠올리는 것만으로도 가슴이 따뜻해진다. 할머니의 이야기를 듣다 스르르 잠이 들었던 정겨운 기억들은, 우리나라 '베드타임 스토리(bedtime story)'의 시작이 아니었을까.

베드타임 스토리는 영국의 독서 문화 중 하나이다.

아이가 잠들기 전 침대에서 책을 읽어주는 독서 교육 방법이다. 영국 아이들의 90%가 베드타임 스토리를 들으며 잠이 든다고 한다. 이는 원래 유대인의 자녀 교육법으로 오랜 기간 다양한 연구를 통해 널리 알려지게 되었다.

잠자기 전에 책을 읽어주는 이유는 무엇일까?

뇌에는 기억을 관여하는 기관인 해마가 있다. 보고 듣고 냄새 맡고 맛보고 접촉하는 등의 감각 정보가 뇌로 들어온다. 해마는 들어온 정보를 단기간 저장하고 있다가 장기기억으로 이동시킬 것과 삭

제할 것을 분류하는 역할을 한다.

해마는 정보가 들어오는 시간이 잠드는 시간에 가까울수록 더 오랫동안 기억해야 할 정보로 구분한다고 한다. 다시 말해 잠들기 직전의 정보는 장기 기억이 될 확률이 높다는 얘기다.

유대인 부모는 아이를 꾸짖었다고 해도 그날을 넘기지 않는다.

베드타임 스토리 시간에 마음을 풀어준다. 부정적인 기억은 그날에 해소하는 것이다. 아이의 속상한 마음도 잠들기 전에는 눈 녹듯 사라지게 하여 따뜻하고 긍정적인 감정으로 하루를 마무리하게 해준다.

베드타임 스토리의 효과

베드타임 스토리의 긍정적 효과는 여러 가지가 있다.

아이와 함께 잠들기 전 책을 읽고 대화를 나누다 보면 정서적 교감을 할 수 있다. 이는 애착 형성에 도움이 된다.

이해력이 높아지고 집중력도 향상된다.

상대방의 이야기를 잘 들을 수 있는 경청 자세를 기를 수 있다.

사회성을 높일 뿐 아니라 공감 능력이 높아져서 대화를 잘할 수 있게 된다.

언어와 표현력을 배우는 아이들에게 충분한 자양분이 된다.

책에서 다양한 언어를 접할 수 있어 소통 능력이 좋아진다.

부모의 다정하고 따뜻한 목소리는 아이의 심리를 안정시킨다.

잠투정이 없어지고 편안하게 잠들 수 있게 한다.

'EBS 부모'라는 프로그램에서 방영된 〈유대인 부모의 베드타임 스토리〉 영상 중 이런 대화가 있다.

엄마: 왜 아이들은 뭔가 나눠 갖는 것을 안 좋아할까?
아이: 어른들은 안 그래요?
엄마: 그럼, 어른들은 나누려고하지. 아이들은 왜 안 좋아하지?

유대인의 베드타임 스토리는 그림책을 읽어주는 것으로 그치지 않는다. 함께 대화를 이어나간다. 잠이 들기 전 함께 책을 읽고 이야기를 나누는 것이 진정한 '베드타임 하브루타'이다.
베드타임 하브루타는 어떻게 할 것인가.
《쏘피가 화가 나면 정말 정말 화나면》이라는 그림책으로 구성해 보았다.

1단계: 잠자리에 들기 15~20분 전에 시작한다.
매일 같은 시간에 하는 것이 가장 좋으며, 시간은 15~20분 사이가 적당하다.
2단계: 아이와 눈을 맞추고 이야기를 시작한다.
▶ 동기 하브루타

Q: 오늘은 《소피가 화나면 정말 정말 화가 나면》을 읽을 거야. 어떤 이야기일까?

Q: 화가 나면 어떻게 하지?

Q: 소피는 어떻게 했는지 그림책을 한번 읽어보자.

3단계: 스킨십을 하며 그림책을 읽어준다.

목소리는 차분하며 따뜻한 느낌으로 읽어 준다. 큰소리보다 작고 낮은 소리로 안정감을 준다.

4단계: 질문으로 하브루타 대화를 시작한다.

▶ 내용 질문

Q: 소피는 왜 화가 났을까?

▶ 공감 질문

Q: 인형을 빼앗긴 소피의 마음은 어땠을까?

▶ 경험 질문

Q: 소피처럼 화가 났던 때는 언제였어?

▶ 적용 질문:

Q: 화가 난 소피는 어떻게 풀었지?

Q: 너는 화가 나면 어떻게 하는 것이 좋겠니?

▶ 정리 질문

Q: 화가 난 사람은 어떻게 행동할까?

Q: 화가 난 사람에게 어떤 도움이 필요할까?

Q: 화가 났을 때는 어떻게 표현하는 것이 좋을까?

5단계: 쉬우르 (정리하기)

아이에게 질문과 대화한 내용을 정리한다. 부모의 주도로 해주고 싶은 이야기를 짧게 나눈다.

예를 들어 소피의 이야기에서 '화난다'의 감정을 아이의 언어로 정리해 준다. 화가 났을 때 표현하는 올바른 방법과 화를 풀어내는 방법을 알려준다.

베드타임 하브루타에 적합한 책

베드타임 하브루타에 적합한 책은 다음과 같다.

◆ 동시/동요 하브루타

동시는 소리의 운율이 있어 언어의 즐거움을 준다. 짧은 글 속에서 상상력을 발휘할 수 있게 한다. 함축적 의미와 비유적 표현을 통해 아이와 다양한 생각과 의견을 주고받을 수 있어 열린 사고력을 키워준다.

전래동요 그림책	꼭꼭 숨어라 지 기미코 그림 / 지정관 편 l 북뱅크
동시 그림책	별나라 사람 무얼 먹구 사나 윤동주 동시 / 권민정 그림 l 현북스
동요 그림책	엄마가 섬 그늘에 굴 따러 가면 이상교 글 / 김채홍 그림 l 봄봄출판사

◆ 아이 마음을 이해하는 그림책 하브루타

마음에서는 감정이 생기고 생각이 싹트고 기억이 그려진다.

그림책은 마음을 표현하고 마음을 알아가는 좋은 매개체이다. 그림책으로 하브루타하면서 아이의 마음의 소리를 듣게 된다. 베드타임 하브루타에서 마음을 나누는 대화를 통해 자유로운 생각을 나누고, 하루의 감정을 좋은 기억으로 전환할 수 있다.

그림책 시리즈 '자라는 마음 안아주기' 10권의 시리즈 [쇼나 이니스 글/ 이리스 어고치 그림/ 조선미역 l 을파소]
소피의 감정 수업 시리즈 세트 [몰리 뱅 글그림 l 책읽는 곰]

◆ 지혜를 나누는 그림 감상 하브루타

아름다움을 즐기고 감상하는 활동은 감정 정화에 도움을 준다. 명화를 보고 아이와 함께 하브루타 대화를 하면 자기표현력에 도움이 된다.

연령별 발달 단계에 맞게 준비한다.

1~3세는 자연의 색감과 모양이 많은 그림을 감상하게 해준다. 아이들의 호기심을 자극하는 그림으로 질문하고 대화한다.

4~5세는 상상력이 극대화된다. 주로 상상적인 것들에 대해 관심이 크다. 따라서 추상적인 그림은 공포를 갖을 수 있기 때문에 형태가 일그러지거나 강렬한 색은 피하는 것이 좋다. 상상력을 발휘할수 있는 그림으로 하브루타 한다.

6~10세는 사물과 자연, 여백의 아름다움이나 상하, 앞뒤 등 공간의 인지가 가능하고 탐색을 즐긴다. 작가의 의도와 작품이 담고 있는 스토리를 인식할 수 있고 유사점과 차이점을 이야기할 수 있다. 탐색해보고 무엇을 느꼈는지 감상을 중심으로 하브루타 한다.

부모와의 애착 관계를 형성시켜 주는 명화그림책
내 뒤엔 든든한 아빠가 있어 [권도림 글 l 정글짐북스]
엄마는 나를 정말 사랑하나봐 [김이연 글 l 정글짐북스]

감정에 대해 이야기를 나눌 수 있는 명화그림책
명화로 만나는 고운 얼굴 미운얼굴 [이주헌감수 l 시공주니어]

"몇 살까지 책을 읽어주어야 하나요?"

종종 이런 질문을 받는다.

아이가 어릴 때는 부모가 책을 읽어준다. 하지만 글을 읽기 시작하면 아이 혼자 책 읽기 단계로 넘겨버린다. 그러나 아이가 글을 읽기 시작했다고 베드타임 스토리 시간을 끝내면 안 된다. 단지 읽는 것 이상의 의미가 담겨 있기 때문이다.

글을 읽는 아이라도 부모가 천천히 따뜻하게 읽어주자. 베드타임 하브루타를 꾸준히 경험하도록 이끌자.

이런 경험으로 아이는 정서적 안정감을 갖고 자라게 된다. 정서적 안정감은 또래 집단에서 불안하거나 조바심을 내지 않게 한다.

베트타임 스토리, 베트타임 하브루타로 성장한 아이가 관계에 성공한다.

갈등을 다룬 그림책 하브루타로 관계 배우기

"하브루타하기 좋은 그림책 추천해주세요."

부모교육 강의를 하다 보면, 이러한 부탁을 자주 받는다. 추천에 앞서 먼저 짚어야 할 부분이 있다.

첫째, 아이를 위한 책의 역할부터 생각해 보자

한창 성장기에 있는 아이에게 책은 간접 경험의 기회를 제공한다.

문자 해석이 원활하지 않으므로 그림책은 아이가 접하기 좋은 텍스트이다. 직접 눈으로 보는 그림과 엄마가 읽어주는 글로 아이는 생각의 폭과 깊이를 더하게 된다. 나아가 상상력을 발휘할 기회를 얻는다. 또한 자주 접하는 그림책을 통해 자연스럽게 어휘 발달에 이르게 된다.

둘째, 좋은 그림책의 조건은 무엇인가?

발달 단계에 맞는 그림책이어야 한다.

영아기의 첫 그림책은 단순화된 모양의 그림과 색의 그림책을 선택하는 것이 좋다.

부모의 목소리로 흥미 있게 읽어주면 부모의 목소리가 좋은 기억으로 각인된다. 곧 신뢰 관계로 연결된다.

만 2세가 지나가게 되면 인지능력이 발달하게 됨과 동시에 호기심이 왕성해진다.

따라서 친숙한 사물, 동물이 그려진 일상생활을 다룬 그림책이 좋다. 어휘가 폭발적으로 발달하는 시기여서 언어 리듬이 포함된 책이 좋다. 의성어, 의태어가 풍부한 그림책으로 간접 경험을 한 아이는 첫 사회생활을 준비할 수 있다. 간접 경험을 통해 준비가 된 아이는 자신감이 생긴다.

만 3~4세엔 그림책 선택의 폭이 넓어진다.

아이의 흥미를 이어갈 수 있는 그림책을 선택한다. 이 시기는 그림책으로 호기심과 흥미를 충족하고 더 나아가 학습도 가능하다. 책을 매개체로 아이와 상호작용을 하면서 의사소통 능력을 준비시켜준다. 일방적인 말이 아닌 친구와 주고받는 '대화'를 경험하게 한다.

만 5세 이후는 두뇌 발달이 촉진되며 생각하는 힘을 키워주는 그림책을 고른다.

이때 아이가 혼자 책을 읽을 수 있더라고 함께 읽어주길 권한다. 아이는 책을 읽어주는 소리를 들으며 다른 사람의 말을 이해하고 경청하는 능력을 키운다.

그림책을 가지고 하브루타 해보자. 사건에 대해 질문하고 대화한 후 토론하면 문제를 보는 객관적인 능력이 생긴다. 갈등 해결 능력도 키워진다.

셋째, 하브루타하기 좋은 그림책이 따로 있을까?

아니다. 모든 그림책은 하브루타하기 좋다.

갈등과 문제가 있는 그림책은 대화의 소재가 많으니 더욱 좋다. 그러나 하브루타에 적합한 그림책보다 더 중요한 것이 있다. 바로 그림책을 두고 나누는 질문과 대화이다.

그림책으로 하브루타도 1:1 짝을 지어 진행한다.

문제 해결을 위한 그림책 하브루타 과정은 아래와 같다.

▶ 동기 질문 하브루타(표지 보고 상상하기)

▶ 그림책 낭독하기

▶ 사건 질문(육하원칙에 따른 질문)

▶ 확장 질문(사건을 다양한 방법으로 생각해보는 질문)

▶ 해결 질문(나에게 적용하는 질문)

▶ 쉬우르(이야기의 주제와 관련된 갈등 해소를 위한 질문)

하브루타를 우리나라에 전파한 전성수 교수는 초기 하브루타 공부법으로 질문 중심 하브루타, 논쟁 중심 하브루타, 비교 중심 하브루타, 친구 가르치기 하브루타, 문제 만들기 하브루타로 5가지 모형을 제시했다.

그 뒤 유아 하브루타를 연구한 권문정 소장이 《하브루타 질문놀이터》를 통해 '유아 그림책 하브루타 모형 6단계'를 정리하였다.

이 책에서 필자는 아이들과 갈등 관계에서 하브루타한 경험을 바탕으로 정리했다.

'문제 해결 하브루타 과정'

이는 관계성 향상에 초점을 맞춘 모형이다.

현장에서 아이들에게 적용해 좋은 결과를 얻었다. 관계에서 생기는 갈등 상황을 잘 이해하는 모습을 보았다. 해결 질문과 쉬우르를 통해 자신감을 얻는 모습도 보았다.

위의 질문 단계에 맞춰 아이와 직접 경험해보자. 갈등 관계를 다룬 그림책으로 아이와 읽고 질문하고 대화하고 토론하자. 주의할 점이 있다. 각 그림책에 제시된 주제는 참고 사항일 뿐이다. 이 주제로 아이에게 섣부른 훈계를 하지 말자.

'답정맘'이라는 말을 아는가? 이미 마음속에 답을 정해 놓고 묻는 엄마를 비꼬는 말이다. 아이와 함께 찾은 해결 방안과 주제로 쉬우르 하자. 아래 제시된 주제는 참고일 뿐이다. 아이와 함께 질문도 찾고 해답도 찾는 대화와 토론 과정에서 '답정맘'이 되지 않길 바란다.

문제 해결을 위한 그림책 하브루타 과정 실례

▶ 관계 그림책 1

▣ 고릴라왕과 대포

나미치 사부로 글/ 고바야시 유우지 그림 l 한림출판사

▣ 줄거리

고릴라 왕이 다스리는 원숭이 나라에서 일어난 이야기다. 고릴라 왕은 산책길에 자신에게 인사하지 않고 피하는 원숭이들에게 화가 났다. 그래서 대포로 마을을 없애려고 마음먹었다. 신하들은 대포알 대신 과자, 음식 등을 넣어 대포를 쏜다. 하늘에서 떨어진 음식을 선물로 안 원숭이들은 고릴라 왕을 환영하며 감사를 표한다. 지혜로운 신하들 덕분에 고릴라 왕은 행복해졌다.

갈등: 고릴라 왕의 인정받고 대접받고 싶은 마음과 왕을 무시한 원숭이들의 행동.

해소: 신하들의 지혜.

주제 : 친구가 되려면 친절하게 행동하자.

◎동기 질문: 표지에서 무엇이 보이나요?

◎사건 질문: 고랄라 왕은 왜 화가 났을까요?

고릴라 왕과 원숭이의 사이가 달라진 이유는 무엇인가요?

◎확장 질문: 고릴라 왕이 진짜로 원한 건 무엇이었을까요?

신하들은 왜 고릴라 왕의 말을 듣지 않았을까요?

◎해결 질문: 내가 만약 신하라면 어떻게 했을까요?

친구가 나를 존중하지 않을 때는 어떻게 할까요?

◎쉬우르: 질문으로 나눈 대화를 토대로 주제와 해결 방법을 정리한다.

▶관계 그림책 2

▣ 모자를 보았어.

존 클라센 글/그림 | 시공주니어

▣ 줄거리

이 책은 두 마리의 거북이가 모자 한 개를 발견하면서 시작된다. 하나뿐인 모자를 누가 가질지 망설이다가 "둘 중 하나가 못 가지면 마음이 안 좋을 거야"라며 두고 간다. 하지만 세모거북은 모자에 대한 미련을 버리지 못한다. 계속 힐끔거리다 네모거북이 졸기 시작하자 모자에게 다가간다. 세모거북은 잠이 깊이 들었는지 물었다. "둘 다 모자가 있는 꿈을 꾸고 있어"라며 네모거북이 대답한다. 모자로 다가가던 세모거북은 모자를 포기하고 친구 곁으로 다가간다.

갈등: 한 개뿐인 모자를 서로 갖고 싶어 하는 두 마리 거북의 마음.

해소: 욕구를 버리고 친구를 선택함.

주제: 좋은 관계는 욕심을 버리고 배려와 존중을 해주는 것.

◎동기 질문: (제목을 가리고) 무엇이 보이나요?

 무엇을 하고 있나요? 왜 그럴까요?

◎사건 질문: 네모거북과 세모거북의 고민은 무엇이었나요?

◎확장 질문: 만약, 세모거북이 욕심을 부렸다면 어떻게 되었을까요?

 욕심이 날 땐 어떻게 해야 할까요?

◎해결 질문: 한 개의 모자로 두 마리 거북이 만족할 수 있는 방법은 무엇일까요?

 친구와 내가 동시에 원하는 것이 있다면 어떻게 할까요?

◎쉬우르: 질문으로 나눈 대화를 토대로 주제와 해결 방법을 정리한다.

▣ 터널

앤서니 브라운 글/그림 l 웅진주니어

▣ 줄거리

오빠와 여동생은 비슷한 데가 하나도 없다. 장난기가 많은 오빠와 공상을 좋아하는 여동생은 날마다 티격태격 싸웠다. 화가 난 엄마는 두 아이만의 시간을 갖게 했다.

"나가서 사이좋게 놀다 와."

쓰레기장 근처로 간 남매는 터널을 발견한다. 호기심이 발동한 오빠는 터널 속으로 들어가 버린다. 아무리 기다려도 나오지 않는 오빠. 결국 오빠를 찾아 터널 속으로 들어간다. 동생은 반대편 숲속에 돌로 변해버린 오빠를 발견한다. 자신의 탓이라며 돌로 변한 오빠를 껴안고 운다. 돌이 점점 사람으로 변하게 되어 둘은 함께 터널 밖으로 나온다.

갈등: 서로 다른 남매의 경쟁과 질투로 인한 잦은 다툼, 터널 속으로 혼자 들어가 버린 오빠와 겁 많은 동생.

해소: 오빠에게 닥친 위기의 순간, 오빠를 사랑하는 마음으로 용기를 냄.

주제: 형제, 자매 관계도 서로를 존중하는 예의와 배려, 믿음이 필요하다.

◎동기 질문: (표지를 보며) 터널 속에는 무엇이 있을까요?

◎사건 질문: 엄마가 남매를 밖으로 내보낸 이유는 무엇일까요?

남매는 어떻게 집으로 돌아왔나요?

◎확장 질문: 오빠와 동생은 왜 다를까요?

"로즈 네가 와줄 줄 알았어"라는 말을 들은 동생은 어떤 생각이 들었을까요?

오빠와 동생에게 '터널'은 어떤 도움을 주었나요?

◎해결 질문: 서로 다를 때는 어떻게 대해야 할까요?

형제자매 사이 서로의 마음을 느끼게 하기 위한 좋은 방법은 무엇일까요?

◎쉬우르: 질문으로 나눈 대화를 토대로 주제와 해결 방법을 정리한다.

갈등의 원인과 과정, 결과를 부모와 함께 짝 하브루타를 해보자.

등장인물들의 갈등 상황에 공감을 하고 객관적 입장에서 상황을 바라볼 수 있다. 이런 간접 경험의 과정은 타인을 이해하는 힘(조망 수용 능력)을 키운다.

대인 관계에서 갈등은 피할 수 없다. 크든 작든 경험하게 되는 갈등을 자기 주도적으로 해결해 나갈 능력을 키워주어야 한다.

갈등을 주제로 다룬 그림책 하브루타를 통해 아이에게 갈등 관리 능력을 키워주자.

■ 관계에 도움이 되는 그림책 리스트

제목	작가	출판사
잘 했어, 쌍둥이 장갑	유설화	책읽는곰
따라쟁이 친구들	알리 파이	사파리
싸워도 우리는 친구	이자벨 카리에	다림
안녕, 펭귄?	폴리 던바	비룡소
피에르와 기욤	이자벨 칼리에	봄봄
아기 늑대 세 마리와 못된 돼지	유진 트리비자스	시공주니어
엄마와 나의 소중한 보물	사이토우 에미	사과나무

관계에 서툰 아이를 위한 하브루타 육아

2020년 7월 28일 초판 1쇄 발행

지은이 · 김희진
펴낸이 · 조금현
펴낸곳 · 도서출판 산지
주소 · 서울시 서초구 방배중앙로 83, 302
전화 · 02-6954-1272
팩스 · 0504-134-1294
이메일 · sanjibook@hanmail.net
등록번호 · 제018-000148호

ⓒ김희진, 2020
ISBN 979-11-971033-0-8

이 도서의 국립중앙도서관 출판예정도서목록(CIP)은 서지정보유통지원시스템 홈페이지(http://seoji.nl.go.kr)와 국가자료종합목록 구축시스템(http://kolis-net.nl.go.kr)에서 이용하실 수 있습니다. (CIP제어번호 : CIP2020027798)